图1-1-1　拉斯科洞窟，法国南部

图1-1-9　巨石圈遗迹（俯视），英国，伦敦西南

图1-2-2　昭塞尔金字塔，埃及

图1-2-9　卡纳克阿蒙神庙，埃及

图1-2-19　乌尔纳姆塔庙

图1-2-22　萨尔贡王宫（复原图）

图1-3-16　因陀罗·萨帕神庙室内，印度

图1-4-3　蒂卡尔金字塔神庙，危地马拉

图1-5-3　克诺索斯王宫，意大利，克里特岛

图1-5-9　雅典卫城及帕提农神庙，希腊，雅典

图1-5-28　万神庙室内，意大利，罗马

图1-5-39　哈德良离宫，意大利

图2-1-6　圣塞南教堂，法国，图鲁兹

图2-1-14　杜汉姆大教堂室内

图2-2-4　圣索菲亚大教堂室内

图2-2-20　华西里·伯拉仁内大教堂局部

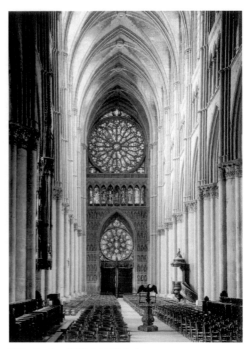

图2-3-8　兰斯大教堂室内

图2-3-2　巴黎圣母院，法国，巴黎

图2-3-17 圣米歇尔山，法国，诺曼底半岛

图2-4-7 科尔多瓦大清真寺室内列柱，西班牙

图2-4-2　圣岩寺，耶路撒冷

图2-5-10　龙门石窟中的佛像，中国，河南

图2-4-26　泰姬陵，印度

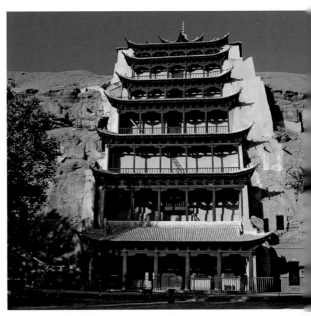

图2-5-1　敦煌莫高窟，中国，甘肃

图2-5-41　严岛神社大鸟居，日本

图3-1-3　佛罗伦萨主教堂，意大利

图3-1-15　圣彼得大教堂广场，意大利，罗马

图3-1-16　圣彼得大教堂室内

图3-1-38　埃斯特庄园，意大利

图3-2-7 卡尔那罗礼拜堂，意大利

图3-2-10 纳沃纳广场，意大利

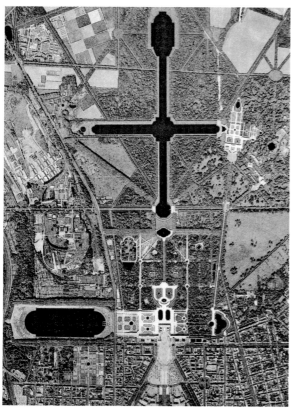

图3-2-14 凡尔赛王宫鸟瞰

图3-2-24 卢浮宫，法国，巴黎

图3-4-4　圣保罗大教堂及周围环境

图3-2-21　凡尔赛王宫太阳神阿波罗水池，法国

图3-3-9　茨威格宫，德国，德累斯顿

图3-4-27　约翰·索阿那府邸室内，英国

图3-4-19　斯托海德庄园，英国，威尔特郡

图3-5-12　天坛圜丘坛，中国，北京

图3-5-24　宏村月塘民居，中国，安徽

图3-5-31　拙政园"小飞虹"，中国，苏州

图3-5-42 颐和园长廊，中国，北京

图3-5-26 宏村承志堂内院及室内，中国，安徽

图4-2-12 圭尔公园，西班牙，巴塞罗那

图4-1-3 "红屋"，英国

图5-1-4 施罗德住宅，荷兰，乌得勒支

图5-1-13 "德国馆"室内，西班牙，巴塞罗那

图5-2-3 朗香教堂室内，法国

图5-2-7 约翰·汉考克大楼及周围环境，
美国，芝加哥

图5-2-19 华盛顿国家美术馆东馆，美国

图5-3-26 凯悦酒店大堂，日本，福冈

图5-4-37 澳大利亚国家博物馆全景，堪培拉

图5-5-28 奥尔
塞艺术博物馆室内
之二

中国建筑学会室内设计分会推荐
高等院校环境设计专业指导教材

人居环境设计史纲（第二版）

齐伟民　王晓辉　编著

中国建筑工业出版社

图书在版编目（CIP）数据

人居环境设计史纲／齐伟民，王晓辉编著 . —2 版 . —北京：
中国建筑工业出版社，2017.8（2022.8 重印）
中国建筑学会室内设计分会推荐 . 高等院校环境设计专业指
导教材
ISBN 978-7-112-20704-6

Ⅰ . ① 人… Ⅱ . ① 齐… ② 王… Ⅲ . ① 居住环境 - 环境设
计 - 高等学校 - 教材 Ⅳ . ① TU-856

中国版本图书馆 CIP 数据核字（2017）第 090733 号

　　本教材通过对相关史料的归纳和整理，描述了人居环境设计发展的历史轨迹，展现了各个国
家不同历史时期、不同风格和流派的建筑内、外空间设计的源流和演变，阐述了人居环境设计的
历史风格特征以及影响其发展的社会、文化、经济等历史背景。
　　本教材在介绍人文背景、艺术思潮、流派演进的同时，也对代表人物、代表作品给予重点分
析，同时以代表性的图片真实、直观地展示了各国不同历史时期人居环境设计的典范作品。
　　本书分为五章，按时间段序分别介绍了自上古时期、中古时期、近世及近代人居环境和现代
人居环境。
　　本教材可作为高等院校环境艺术设计专业本科及研究生指导教材，也适于景观建筑学、规划
学、建筑学和园林学等相关学科的高等院校师生阅读和参考，可作为职业设计师的工具书。
　　课件网络下载方法：请进入http://www.cabp.com.cn网页输入本书书名查询，点击"配套资
源"进行下载。

责任编辑：张　建　张　明
责任校对：王宇枢　刘梦然

中国建筑学会室内设计分会推荐
高等院校环境设计专业指导教材
人居环境设计史纲（第二版）
齐伟民　王晓辉　编著
＊
中国建筑工业出版社出版、发行（北京海淀三里河路 9 号）
各地新华书店、建筑书店经销
北京锋尚制版有限公司制版
北京中科印刷有限公司印刷
＊

开本：787×1092 毫米　1/16　印张：17¾　插页：8　字数：394 千字
2017 年 11 月第二版　　2022 年 8 月第五次印刷
定价：**58.00** 元（附网络下载）
ISBN 978-7-112-20704-6
（30346）

再版说明（第二版）

2011年国务院学位委员会、教育部新修订的《学位授予和人才培养学科目录》，艺术学成为独立学科门类、设计学成为一级学科后，2012年教育部印发《普通高等学校本科专业目录（2012年）》，专业目录中设计学类下设艺术设计学、视觉传达设计、环境设计、产品设计、服装与服饰设计、公共艺术、工艺美术和数字媒体艺术等8个专业，使环境设计专业从1998年本科专业目录中的艺术设计专业得以回归。自1987年高校本科专业目录设立环境艺术设计专业以来，专业名称先后经过"环境艺术设计——艺术设计——环境设计"25年的曲折发展历程，使环境设计专业不仅回归而且名称指向更加明确、内涵更加清晰。为此，环境设计专业复归、正名和提升获得专业人士预期的高度认可。这不是一个简单的专业名称更换，而是学科专业向良性、健康、科学的轨道发展，是社会对设计学科的认可与尊重，也是时代对环境设计需求的提升。

与此同时近些年来，随着能源危机、环境污染等问题的日益严重，人居环境状况越来越受到人们的关注和重视。为此两院院士、著名建筑学家吴良镛教授创建了"人居环境科学"。他认为：人居环境是人类聚居生活的地方，是与人类生存活动密切相关的地表空间，它是人类在大自然中赖以生存的基地，是人类利用自然、改造自然的主要场所。他认为人居环境科学是以包括乡村、集镇、城市等在内的所有人类聚居环境为研究对象的综合学科群，提出要以"建筑、园林、城市规划的融合"为核心来建构人居环境科学的学术框架。

新的学科专业的确立是一个理论体系的建立，而不是简单的名称变化；环境设计学科性质内容的界定，才是学科专业建设的重要内容。旧有的学科专业和教学内容不适用于环境设计专业的发展，新的教学内容和标准亟待建立。正是在这样的背景下《人工环境设计史纲》适时重新调整再版，并以"人居环境"替代"人工环境"，就是为了更好地顺应社会发展、落实学科定位和新专业的变化，有利于推进环境设计专业教育。

本教材通过对相关史料的归纳和整理，描述了人居环境设计发展的历史轨迹，展现了各个国家不同历史时期、不同风格和流派的人居环境内、外空间设计的源流和演变，并以尽可能简练的文字阐述了人居环境设计的历史风格特征以及影响其发展的社会、文化、经济等诸多因素的历史背景。

在教材中既把人文背景、艺术思潮和流派演进阐述清楚，也把代表人物、代表作品给予重点介绍和分析，同时以图片真实直观地展示各国不同历史时期人居环境设计的经典作品。

本教材主要分为五个部分：

第一章 上古时期的人居环境（约史前至公元2世纪）

介绍从史前到古希腊、古罗马时期的人居环境，即通过对早期文明、古代埃及与西亚、古代印度与中国、古代美洲直至古希腊与罗马时期人居环境的介绍，来描述人类上古时期的人居环境。

第二章 中古时期的人居环境（约公元3世纪至12世纪）

通过回顾西方早期基督、罗马式、哥特式、拜占庭和伊斯兰等风格，以及中国和日本的人居环境的发展历程，介绍了东西方中古时期各个历史阶段建筑内外人居环境的源流和演变。

第三章 近世人居环境（约13世纪至18世纪）

着重介绍14世纪以来从文艺复兴、巴洛克、洛可可到新古典主义时期，以及中国明清时期的近世人居环境设计。

第四章 近代人居环境（约18世纪至20世纪初）

着重介绍19世纪中叶以来至现代主义诞生以前的近代人居环境，即"工艺美术"运动、"新艺术"运动和"装饰艺术"运动时期的人居环境。

第五章 现代人居环境（20世纪初至今）

通过对现代主义的诞生、包豪斯以及现代主义之后的各种风格流派的介绍，阐明和分析了现代人居环境的发展历程。

环境设计是改革开放以来的新兴学科，专业教材市场充斥着形形色色重视技能技巧而忽视设计本质、追求内容堆砌而忽略理论整合的教材，显示出缺乏理性、系统的专业思考。而本教材正如专家所评价："由于以往部分相关教材仅限于室内设计史论与景观设计史论层面的介绍，难免局限，对于'环境设计'的发掘、认识很不全面，该教材首次从'人居'的角度阐述环境设计历史，对于全面认识人居环境设计，提供了良好的范本，因此本教材是在社会最需要的时候，满足了环境设计教学发展的需要"，教材出版的意义也正在于此。

本教材可作为高等院校环境设计专业本科及研究生的指导教材，同样适合于风景园林、建筑学和城乡规划等相关专业学科的高等院校师生阅读和参考，也可以作为职业设计师的工具书。

齐伟民 王晓辉
2017年1月

出版说明（第一版）

中国的室内设计教育已经走过了四十多年的历程。1957年在中国北京中央工艺美术学院（现清华大学美术学院）第一次设立室内设计专业，当时的专业名称为"室内装饰"。1958年北京兴建十大建筑，受此影响，装饰的概念向建筑拓展，至1961年专业名称改为"建筑装饰"。实行改革开放后的1984年，顺应世界专业发展的潮流又更名为"室内设计"，之后在1988年室内设计又进而拓展为"环境艺术设计"专业。据不完全统计，到2004年，全国已有600多所高等院校设立与室内设计相关的各类专业。

一方面，以装饰为主要概念的室内装修行业在我们的国家波澜壮阔般地向前推进，成为国民经济支柱性产业。而另一方面，在我们高等教育的专业目录中却始终没有出现"室内设计"的称谓。从某种意义上来讲，也许是20世纪80年代末环境艺术设计概念的提出相对于我们的国情过于超前。虽然十数年间以环境艺术设计称谓的艺术设计专业，在全国数百所各类学校中设立，但发展却极不平衡，认识也极不相同。反映为理论研究相对滞后，专业师资与教材缺乏，各校间教学体系与教学水平存在着较大的差异，造成了目前这种多元化的局面。出现这样的情况也毫不奇怪，因为我们的艺术设计教育事业始终与国家的经济建设和社会的体制改革发展同步，尚都处于转型期的调整之中。

设计教育诞生于发达国家现代设计行业建立之后，本身具有艺术与科学的双重属性，兼具文科和理科教育的特点，属于典型的边缘学科。由于我们的国情特点，设计教育基本上是脱胎于美术教育。以中央工艺美术学院（现清华大学美术学院）为例，自1956年建校之初就力戒美术教育的单一模式，但时至今日仍然难以摆脱这种模式的束缚。而具有鲜明理工特征的我国建筑类院校，在创办艺术设计类专业时又显然缺乏艺术的支撑，可以说两者都处于过渡期的阵痛中。

艺术素质不是象牙之塔的贡品，而是人人都必须具有的基本素质。艺术教育是高等教育整个系统中不可或缺的重要环节，是完善人格培养的美育的重要内容。艺术设计虽然是以艺术教育为出发点，具有人文学科的主要特点，但它是横跨艺术与科学之间的桥梁学科，也是以教授工作方法为主要内容，兼具思维开拓与技能培养的双重训练性专业。所以，只有在国家的高等学校专业目录中：将"艺术"定位于学科门类，与"文学"等同；将"艺术设计"定位于一级学科，与"美术"等同。随之，按照现有的社会相关行业分类，在艺术设计专业下设置相应的二级学科，环境艺术设计才能够得到与之相适应的社会专业定位，唯有这样才能赶上迅猛发展的时代步伐。

由于社会发展现状的制约，高等教育的艺术设计专业尚没有国家权威的管理指导机构。"中国建筑学会室内设计分会教育工作委员会"是目前中国唯一能够担负起指导环境艺术设计教育的专业机构。教育工作委员会近年来组织了一系列全国范围的专业交流活动。在活动中，各校的代表都提出了编写相对统一的专业教材的愿望。因为目前已经出版的几套教材都是以单个学校或学校集团的教学系统为蓝本，在具体的使用中缺乏普遍的指导意义，适应性较弱。为此，教育工作委员会组织全国相关院校的环境艺术设计专业教育专家，编写了这套具有指导意义的符合目前国情现状的实用型专业教材。

中国建筑学会室内设计分会教育工作委员会

2006年12月

前言（第一版）

艺术设计专业是横跨于艺术与科学之间的综合性、边缘性学科。艺术设计产生于工业文明高速发展的20世纪。具有独立知识产权的各类设计产品，成为艺术设计成果的象征。艺术设计的每个专业方向在国民经济中都对应着一个庞大的产业，如建筑室内装饰行业、服装行业、广告与包装行业等。每个专业方向在自己的发展过程中无不形成极强的个性，并通过这种个性的创造，以产品的形式实现其自身的社会价值。从环境生态学的认识角度出发，任何一门艺术设计专业方向的发展都需要相应的时空，需要相对丰厚的资源配置和适宜的社会政治、经济、技术条件。面对信息时代和经济全球化，世界呈现时空越来越小的趋势，人工环境无限制扩张，导致自然环境日益恶化。在这样的情况下，专业学科发展如不以环境生态意识为先导，走集约型协调综合发展的道路，势必走入死胡同。

随着20世纪后期由工业文明向生态文明的转化，可持续发展思想在世界范围内得到共识并逐渐成为各国发展决策的理论基础。环境艺术设计的概念正是在这样的历史背景下从艺术设计专业中脱颖而出的，其基本理念在于设计从单纯的商业产品意识向环境生态意识的转换，在可持续发展战略总体布局中，处于协调人工环境与自然环境关系的重要位置。环境艺术设计最终要实现的目标是人类生存状态的绿色设计，其核心概念就是创造符合生态环境良性循环规律的设计系统。

环境艺术设计所遵循的绿色设计理念成为相关行业依靠科技进步实施可持续发展战略的核心环节。

国内学术界最早在艺术设计领域提出环境艺术设计的概念是在20世纪80年代初期。在世界范围内，日本学术界在艺术设计领域的环境生态意识觉醒得较早，这与其狭小的国土、匮乏的资源、相对拥挤的人口有着直接的关系。进入80年代后期国内艺术设计界的环境意识空前高涨，于是催生了环境艺术设计专业的建立。1988年当时的国家教育委员会决定在我国高等院校设立环境艺术设计专业，1998年成为艺术设计专业下属的专业方向。据不完全统计，在短短的十数年间，全国有400余所各类高等院校建立了环境艺术设计专业方向。进入21世纪，与环境艺术设计相关的行业年产值就高达人民币数千亿元。

由于发展过快，而相应的理论研究滞后，致使社会创作实践有其名而无其实。决策层对环境艺术设计专业理论缺乏基本的了解。虽然从专业设计者到行政领导都在谈论可持续发展和绿色设计，然而在立项实施的各类与环境有关的工程项目中却完全与环境生态的绿色概念背道而驰。导致我们的城市景观、建筑与室内装饰建设背离了既定的目标。毫无疑问，迄今为止我们人工环境（包括城市、建筑、室内环境）的发展是以对自然环境的损耗作为代价的。例如：光污染的城市亮丽工程；破坏生态平衡的大树进城；耗费土地资源的小城市大广场；浪费自然资源的过度装修等等。

党的十六大将"可持续性发展能力不断增强，生态环境得到改善，资源利用效率显著提高，促进人与自然的和谐，推动整个社会走上生产发展、生活富裕、生态良好的文明发展道路"作为全面建设小康社会奋斗目标的生态文明之路。环境艺术设计正是从艺术设计学科的角度，为实现宏大的战略目标而落实于具体的重要社会实践。

"环境艺术"这种人为的艺术环境创造，可以自在于自然界美的环境之外，但是它又不可能脱离自然环境本体，它必须植根于特定的环境，成为融合其中与之有机共生的艺术。可以这样说，环境艺术是人类生存环境的美的创造。

"环境设计"是建立在客观物质基础上，以现代环境科学研究成果为指导，创造理想生存空间的工作过程。人类理想的环境应该是生态系统的良性循环，社会制度的文明进步，自然资源的合理配置，生存空间的科学建设。这中间包含了自然科学和社会科学涉及的所有研究领域。

环境设计以原在的自然环境为出发点，以科学与艺术的手段协调自然、人工、社会三类环境之间的关系，使其达到一种最佳的运行状态。环境设计具有相当广的含义，它不仅包括空间实体形态的布局营造，而且更重视人在时间状态下的行为环境的调节控制。

环境设计比之环境艺术具有更为完整的意义。环境艺术应该是从属于环境设计的子系统。

环境艺术品创作有别于单纯的艺术品创作。环境艺术品的概念源于环境生态的概念，即它与环境互为依存的循环特征。几乎所有的艺术与工艺美术门类，以及它们的产品都可以列入环境艺术品的范围，但只要加上环境二字，它的创作就将受到环境的限定和制约，以达到与所处环境的和谐统一。

"环境艺术"与"环境设计"的概念体现了生态文明的原则。我们所讲的"环境艺术设计"包括了环境艺术与环境设计的全部概念。将其上升为"设计艺术的环境生态学"，才能为我们的社会发展决策奠定坚实的理论基础。

环境艺术设计立足于环境概念的艺术设计，以"环境艺术的存在，将柔化技术主宰的人间，沟通人与人、人与社会、人与自然间和谐的、欢愉的情感。这里，物（实在）的创造，以它的美的存在形式在感染人，空间（虚在）的创造，以他的亲切、柔美的气氛在慰藉人[1]。"显然环境艺术所营造的是一种空间的氛围，将环境艺术的理念融入环境设计所形成的环境艺术设计，其主旨在于空间功能的艺术协调。"如Gorden Cullen在他的名著《Townscape》一书中所说，这是一种'关系的艺术'（art of relationship），其目的是利用一切要素创造环境：房屋、树木、大自然、水、交通、广告以及诸如此类的东西，以戏剧的表演方式将它们编织在一起[2]。"诚然环境艺术设计并不一定要创造凌

---

① 潘昌侯：我对"环境艺术"的理解，《环境艺术》第1期5页，中国城市经济社会出版社1988年版。
② 程里尧：环境艺术是大众的艺术，《环境艺术》第1期4页，中国城市经济社会出版社1988年版。

驾于环境之上的人工自然物，它的设计工作状态更像是乐团的指挥、电影的导演。选择是它设计的方法，减法是它技术的常项，协调是它工作的主题。可见这样一种艺术设计系统是符合于生态文明社会形态的需求。

目前，最能够体现环境艺术设计理念的文本，莫过于联合国教科文组织实施的《保护世界文化和自然遗产合约》。在这份文件中，文化遗产的界定在于：自然环境与人工环境、美学与科学高度融汇基础上的物质与非物质独特个性体现。文化遗产必须是"自然与人类的共同作品"。人类的社会活动及其创造物有机融入自然并成为和谐的整体，是体现其环境意义的核心内容。

根据《保护世界文化和自然遗产合约》的表述：文化遗产主要体现于人工环境，以文物、建筑群和遗址为《世界遗产名录》的录入内容；自然遗产主要体现于自然环境，以美学的突出个性与科学的普遍价值所涵盖的同地质生物结构、动植物物种生态区和天然名胜为《世界遗产名录》的录入内容。两类遗产有着极为严格的收录标准。这个标准实际上成为以人为中心理想环境状态的界定。

文化遗产界定的环境意义，即：环境系统存在的多样特征；环境系统发展的动态特征；环境系统关系的协调特征；环境系统美学的个性特征。

环境系统存在的多样特征：在一个特定的环境场所，存在着物质与非物质的多样信息传递。自然与人工要素同时作用于有限的时空，实体的物象与思想的感悟在场所中交汇，从而产生物质场所的精神寄托。文化的底蕴正是通过环境场所的这种多样特征得以体现。

环境系统发展的动态特征：任何一个环境场所都不可能永远不变，变化是永恒的，不变则是暂时的，环境总是处于动态的发展之中。特定历史条件下形成的人居文化环境一旦毁坏，必定造成无法逆转的后果。如果总是追随变化的潮流，终有一天生存的空间会变成文化的沙漠。努力地维持文化遗产的本原，实质上就是为人类留下了丰富的文化源流。

环境系统关系的协调特征：环境系统的关系体现于三个层面，自然环境要素之间的关系；人工环境要素之间的关系；自然与人工的环境要素之间的关系。自然环境要素是经过优胜劣汰的天然选择而产生的，相互的关系自然是协调的；人工环境要素如果规划适度、设计得当也能够做到相互的协调；唯有自然与人工的环境要素之间要做到相互关系的协调则十分不易。所以在世界遗产名录中享有文化景观名义的双重遗产凤毛麟角。

环境系统美学的个性特征：无论是自然环境系统还是人工环境系统，如果没有个性突出的美学特征，就很难取得赏心悦目的场所感受。虽然人在视觉与情感上愉悦的美感，不能替代环境场所中行为功能的需求。然而在人为建设与环境评价的过程中，美学的因素往往处于优先考虑的位置。

在全部的世界遗产概念中，文化景观标准的理念与环境艺术设计的创作观念比较一致。如果从视觉艺术的概念出发，环境艺术设计基本上就是以文化景观的标准在进行创作。

文化景观标准所反映的观点，是在肯定了自然与文化的双重含义外，更加强调了人为有意的因素。所以说，文化景观标准与环境艺术设计的基本概念相通。

文化景观标准至少有以下三点与环境艺术设计相关的含义：

第一，环境艺术设计是人为有意的设计，完全是人类出于内在主观愿望的满足，对外在客观世界生存环境进行优化的设计。

第二，环境艺术设计的原在出发点是"艺术"，首先要满足人对环境的视觉审美，也就是说美学的标准是放在首位的，离开美的界定就不存在设计本质的内容。

第三，环境艺术设计是协调关系的设计，环境场所中的每一个单体都与其他的单体发生着关系，设计的目的就是使所有的单体都能够相互协调，并能够在任意的位置都以最佳的视觉景观示人。

以上理念基本构成了环境艺术设计理论的内涵。

鉴于中国目前的国情，要真正完成环境艺术设计从书本理论到社会实践的过渡，还是一个十分艰巨的任务。目前高等学校的环境艺术设计专业教学，基本是以"室内设计"和"景观设计"作为实施的专业方向。尽管学术界对这两个专业方向的定位和理论概念还存在着不尽统一的认识，但是迅猛发展的社会是等不及笔墨官司有了结果才前进的。高等教育的专业理念超前于社会发展也是符合逻辑的。因此，呈现在面前的这套教材，是立足于高等教育环境艺术设计专业教学的现状来编写的，基本可以满足一个阶段内专业教学的需求。

中国建筑学会室内设计分会

教育工作委员会主任：郑曙旸

2006年12月

第一章 — 上古时期的人居环境

（约史前至公元2世纪）

（约公元3世纪至12世纪）

（约公元13世纪至18世纪）

（约18世纪至20世纪初）

（20世纪初至今）

第一节 史前到早期文明

一、旧石器时代

人类的进化是从制造和使用工具开始的。当原始人类开始有目的有意识地敲击经过选择的燧石，制作粗陋的石斧时，这说明人类已经掌握制造工具的基本技能。人类对环境的改造行为也正始于这种工具的制造过程，因为人类掌握了工具就是营造自己生存环境的前提。

远古时代人类生存的自然环境相当恶劣，各种严酷的气候、毒虫猛兽和人类自身的疾病等都对人类的生存构成极大的威胁。在这样的条件下，人类自身的安全需求是首要的，因此原始人就要为自己创造一种安全的生存环境，这种对生存环境的营造正是体现对安全的需求。一旦最基本的生存需求得到了满足，其他方面的各种需求也会不断产生。随着生存危机的缓解，人类自然渴望更舒适的生活环境，这就需要更高的营造技能与更复杂的构造方式，这样才能满足自身情感甚至宗教等方面的要求，从而就会变成对环境的新追求。

简言之，人工环境起源于远古时期人类最初所建造的房屋。当人们从岩洞或者树洞里走出来，或者从树上下来，摆脱了天然的穴居和野处，以最简单的方式造出了房屋以后，最基本的人居环境诞生了。人类根据渔猎和畜牧的需要，在不断的迁徙中，搭建简单的窝棚。现在已知的最古老的建筑物是1960年在坦桑尼亚峡谷的文化层中发现的旧石器时代的围墙，它是由松散的熔岩块堆集而成的，距今已有175万年。目前已知最古老的房屋是1965年在法国尼斯河上发现的21间棚屋，已确定它属于12万年前阿舍利文化遗物。而在俄罗斯南部摩尔多瓦，公元前4万年的旧石器时代中期就已经建有帐篷。大约在公元前8千年，由于农耕的产生，而出现了定居的村落，随后又出现了城镇。

曾有人说，要了解人类文明的起源，就应该去法国南部的韦泽尔山谷和西班牙北部的阿尔塔米拉。韦泽尔山谷中最著名的就是其史前的洞窟群。18世纪末，在一个长40km、宽30km的范围内共发现147个洞窟，其中的25个洞窟都曾经过装饰。这些饰以绘画、浮雕和雕塑的洞窟，证明了史前人类令人难以置信的高度发达的艺术成就，被誉为"石器时代的毕加索作品"。

洞窟中的壁饰很巧妙地利用洞窟石壁的不规则性，用赭色氧化铁和锰酸土壤来完成的作品更具立体感，而阴影线和颜色的层次更突出了这种效果。在洞窟石壁上，有无数动物画，比如野牛、野山羊、猛犸、熊和马等。

在韦泽尔山谷众多绘有岩画的洞窟中最著名的就是拉斯科（Lascaux）洞窟，其大约绘制公元前15000年左右。后来5000年中洞窟绘画延续不断，也是毫无变化地发展着，只有一些地区性变化。洞窟其内部空间比较开阔，洞壁、洞顶都画满了画，180m长的大洞穴里，有红、黑、黄、白色的驯鹿、野牛和奔跑的野马。洞内的壁画尺幅巨大，线条粗犷，动物形象栩栩如生。在拉斯科洞窟主洞岩壁的正面，有一头长达5m的公牛，形象威猛。廊道上的岩壁则画满了野马、野山羊、野牛等动物群，其中以奔马尤为突出。由于洞窟绘画用笔自然流畅，富有生气，同时又是洞窟主人生活体验，所以画中对野兽和动物的描绘是无与伦比的（图1-1-1～图1-1-3）。

图1-1-1　拉斯科洞窟，法国南部

图1-1-2　拉斯科洞窟内的壁画

图1-1-3　拉斯科洞窟的壁画

　　位于西班牙北部的阿尔塔米拉（Altamira）洞窟，深约270m，共有150多幅个体彩绘图案，其中野牛图案最多。这些动物的周围有表现天空、地面的平行曲线，构图准确、简练，动物特征表现得很鲜明，具有很强的写实性。

　　一头《受伤的野牛》如今已是家喻户晓，其解剖结构准确，骨骼脉络也交代得十分清楚。野牛已经倒在地上，它的伤势看来很严重，它在愤怒地挣扎，一条腿倔强地蹬地，试图将身体支撑起来，庞大的身躯已经倾颓，紧张的肌肉中却还积蓄着最后的力量。野牛的

图1-1-4 阿尔塔米拉洞窟壁画，"受伤的野牛"，西班牙

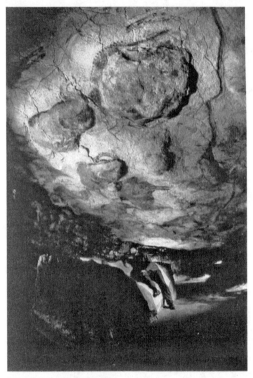

图1-1-5 拉斯科洞窟

眼睛瞪视着前方，唇边似乎有急速喘嘘而产生的白气，有着弯曲双角的头颅拱起，抵御着继续投来的标枪。在画面上，野牛的野性与威力，被表现得十分逼真。在画法技巧上，用黑线条勾画轮廓，通过不同的色彩和色彩的浓淡变化表现出层次和深浅，充满了写实的立体感（图1-1-4）。

所有这些动物，甚至包括灭绝的兽类足以证实洞窟画师熟练的写实技巧。这些动物被描绘得惊人的真实、精确。甚至在"拉斯科大厅"里，它们的逼真性使人几乎听到驯鹿、野牛和野马在洞顶奔腾驰跃的隆隆蹄声，似乎空旷的岩洞中至今回响着它们的奔跑与嘶吼。万余年前的原始先人，以敏锐的观察和娴熟的艺术手法，把生命竟刻画得如此感人（图1-1-5）。

长期以来，关于这些绘画的含义人们一直在苦思冥想，不倦探索为什么已画过的地方又重新绘制。这种情况大致可以说明洞窟画的用途可能是作为巫术仪式的组成部分，所以每画一次就使用一次，因此这些洞窟就很可能是用来举行宗教仪式的场所。

二、新石器时代

大约在12000年前，欧亚大陆上的人类社会已发展到旧石器时代的末期，这时地球气候转暖，现代的地质时代已经形成。由于气候的转变和随之而来的动物群活动发生的巨大变化，人类长期以来习惯了的狩猎生活受到威胁。这一变化促使旧石器时代的结束和向新石器时代的过渡。史前社会狩猎和采集的生产方式至此已基本上被农耕和畜牧取代了。由于农耕经济占据重要地位，人们也逐渐由游动的猎人变成牧人和农民，于是人们便进一步聚集起来，营造房屋，开始过起定居的生活。大概在公元前七千多年，出现了最早的城镇。

新的经济形式和新的劳动工具的应用，深刻地改变了人与周围环境的关系。从攫取性经济到生产型经济，从游荡生活到定居生活，是人类历史上具有革命意义的转变。经历了新石器时代的革命，人类开创了与环境崭新关系的极其重要篇章。

生活中更大的稳定性条件导致了人居环境的发展。狩猎者早期曾季节性地栖宿在对自然稍加人工改造的隐蔽所内。公元前4000年初，一种新的建筑类型出现在美索不达米亚南部，考古发掘出很多用泥砖建筑的神庙。墙上有内壁龛，还有供桌，这些东西后来成为苏美尔神庙中重要部分，实际上也成为后来很多建筑中的组成部分。

马耳他岛上的庙宇建于公元前3600年至前2500年间，它们是至今所知最早用石块建造的独立式的建筑物位于地中海。马耳他境内有7座史前时期的巨石神庙散落于马耳他和戈佐岛各地。雄伟壮观的马耳他神庙有的单独存在，有的构成神庙群，它们是史前欧洲极具神秘色彩的建筑之一。它们多叶状的布局和竖立其间的巨大的雕塑，总是让人感到扑朔迷离。

著名的吉冈提亚神庙位于马耳他戈佐岛中部，是公元前24世纪以前新石器时代晚期的遗迹。吉冈提亚神庙是由两座相毗连的神庙组成的。其庙宇大门和墙壁用巨石垒成，最大的巨石高达6m，重几十吨，搬运这些巨石的滚石球，至今仍散落在庙外。4000余年前的太古初民能用原始工具将这些巨石用于建筑之中，堪称奇迹。神庙的布局是围绕一条中轴线展开的，这条轴线从入口处的巨石碑坊一直延伸到庙后部顶端的壁龛。大门内设有宰牲台，并凿有盛血的坑穴用来祭神。从大门经中轴线走廊可直达内殿。走廊两侧，有两对相对称的半圆形配殿，形成一个建筑整体。各殿内均设有神龛。庙中供奉有肥硕女性的石雕像，象征生育旺盛的大地之母。但奇怪的是各殿中的石雕神像都缺少头部，据推测，其头部是用木雕成，已腐朽风化。从空中鸟瞰吉冈提亚的两座神庙，其外形极像三叶草的叶瓣形状。这两座相互毗连的神庙，显示了马耳他史前神庙的多叶形设计特色（图1-1-6）。

与吉冈提亚神庙建于一个时期塔尔克辛神庙也是欧洲最大的石器时代遗址之一。这座约在公元前5000年左右建造的庙宇，占地8万m²，整个建筑布局精巧，雄伟壮观，许多祭坛上都刻有精美的罗纹雕刻。在石制壁龛上，刻有公牛和母猪的形象，一些人认为这些动物形象是祭祀品的象征。这座神庙的废墟上，宏伟的主入口十分显眼，它通往厅堂和走廊以及那些迷宫般的房间（图1-1-7）。

图1-1-6 吉冈提亚神庙，马耳他，戈佐岛

图1-1-7 塔尔克辛神庙

新石器时代最重要的进步是建筑的出现。这是人类文明史上划时代的大事，建筑随永久性居留村落的出现而逐步发展起来。史前人类简陋的住宅自然还谈不上什么建筑艺术，但是新石器时代的欧洲先民却也留下了巨石圈那样的纪念性的巨石建筑。在英国伦敦西南100多km的索尔兹伯里平原上，一些巍峨巨石呈环形屹立在绿色的旷野间，这就是英伦三岛最著名、最神秘的史前遗迹——斯通亨治（Stonehenge），即巨石圈。巨石圈最外一个石圈是以30块等距离摆放的巨石围合而成的。石圈直径30m，竖立的巨石高约4m，肃穆宏伟，气势撼人，仿佛某种超自然的造物矗立在英格兰的荒原上。在这30块立石上覆着一圈水平向的楣石，每一块楣石都经过了仔细的修整加工。每个石楣紧密相连也构成圆圈，形成奇特的柱顶盘。这些石块都是平均重达25吨左右的青色砂岗岩，有的甚至重达50吨。它们有的取自索尔兹伯里，有的竟取自200km以外的地方。整个环形石柱群还被直径达120m的土墙所围绕。整个巨石圈体现了高超的土木建筑技术，且巧妙地暗合了天文学知识。这精心搭制的巨石圈是建筑中最基本、最简单的结构体系——梁柱体系，是石材建筑物中最早、最壮观的环境景观之一。

另外，巨石圈整个结构有一个非常精确的指向。内部两个石圈的入口和石圈中心的祭台成一轴线，夏至那天，太阳就从这条线上升起。石圈外围有一段大道亦沿此轴线延伸，看来这神秘的巨石圈似与天体崇拜有一定的关系。

千百年来，这个造型奇特、建筑精准的巨石圈及其特有的远古神秘氛围引发了人们的无尽猜测与遐想。它的型制揭示了古人对构成整体的各部分的比例的透彻理解，它标示了当时建造者非凡的数学才能和构造能力。这里特有的远古氛围，成为人们回溯历史的起点。正如19世纪英国著名首相格莱斯顿所说："这座崇高的、令人敬畏的古迹诉说着许多事情，同时又在告诉世人，它隐藏着更多的事情。"（图1-1-8～图1-1-10）

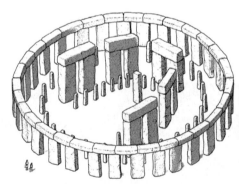

图1-1-8　巨石圈（复原图）（左）

图1-1-9　巨石圈遗迹（俯视），英国，伦敦西南（右）

图1-1-10　巨石圈遗迹（下）

第二节 古埃及与古西亚

一、古代埃及

古代的尼罗河流域（The Nile Valley）是人类文明的重要发源地，被称为四大文明古国之一的埃及（Egypt）就位于狭长的尼罗河谷地。埃及东西横亘着沙漠，北临地中海，南依荒瘠的高山。古代埃及人创造了人类最早的一流的建筑艺术以及和建筑物相适应的室内装饰艺术。早在三千年前埃及人就已会用正投影绘制建筑物的立面图和平面图，会画总图及剖面图，同时也会使用比例尺作图。

同其文化史一样，埃及的建筑环境的形成和发展大致可分下列几个时期：上古王国时期（公元前33世纪～前27世纪）、古王国时期（公元前27世纪～前22世纪）、中王国时期（公元前22世纪～前17世纪）、新王国时期（公元前16世纪～前11世纪）。

1. 古王国时期

这一时期没有留下完整的建筑物，但从片断的资料中可以知道，建筑主要是一些简陋的住宅和坟墓。

尼罗河两岸缺少优质的木材，因此人们最初只是以棕榈木、芦苇、纸草、黏土和土坯建造房屋。用芦苇建造房屋，先将结实挺拔的芦根捆扎成柱形做成脚柱，再用横束芦苇放在上边，外饰黏土而成。墙壁也是用芦苇编成，两面涂以黏土，它的结构方法主要是以梁、柱和承重墙结合，由于屋顶黏土的重量，迫使芦苇上端成弧形，而被后人称作台口线（gorge），成为室内的一种装饰。因此，这一时期内部装饰主要体现在梁柱等结构的装饰上，而空间的布局只是比较简单的长方形。后来贵族的住宅也是这样，只是改用石头砌造。

一般坟墓的外形和土坯芦苇住宅一样，四壁呈斜坡状围成土墙，地下部分为房屋式墓室。因为死后建墓者多为奴隶主贵族，所以墓室内部空间较丰富，隔成多间，有外室、内室、走廊和安放木乃伊的墓室。墙上通常刻画着各种图像，从墓室的内部空间设计也可以看出贵族住宅的设计形式，这是因为埃及人是把坟墓当作死者"永恒的住宅"来表现的（图1-2-1）。

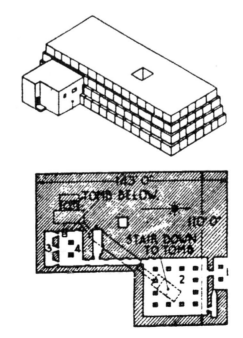

图1-2-1 古埃及坟墓

2. 古王国和中王国时期

古王国时期主要是皇陵建筑，即举世闻名的规模雄伟巨大、形式简单朴拙的金字塔。金字塔是古王国法老的陵墓。古埃及人相信法老是太阳神的儿子，是活着的神。法老的灵魂是永恒存在的，活着的时候只是灵魂在躯体做短暂停留，死后灵魂将在伴随着尸体度过一个极为漫长的岁月后升入极乐世界开始新生。因此陵墓成为永久的栖身之地，甚至比宫殿更重要，只要保护住尸体，三千年后便会在极乐世界里复活永生。

早期的法老陵墓地上部分呈长方形平台状，面略有倾斜，多用泥砖建造，内有厅堂，用于放置死者在陵墓中将要"使用"的一切"生活"用品。这种陵墓形状看起来与当地常见的板凳相像，后来人们习惯用阿拉伯语的"板凳"——"马斯塔巴"（Mastaba）——来称呼它。陵墓的墓室部分则深埋在玛斯塔巴的地下，用阶梯或斜坡通道与地面入口相连。

随着国王权力的加强，"马斯塔巴"的型制已不足以显示神圣的权威，必须加强崇拜的气氛，将陵墓发展成纪念性的建筑物，而不仅是死后的住所。于是体积巨大的陵墓形式——金字塔出现了。

第一座石头的金字塔是萨卡拉的昭塞尔（Zoser）金字塔，昭塞尔金字塔位于萨卡拉的昭塞尔，大约建于公元前3000年。它的基底东西长140m，南北长116m，高约60m。这座阶梯形金字塔四周共有六层阶梯，它是由马斯塔巴自下而上逐层缩小而成，象征着天堂及万物生存的不同层次。通过走廊和墓道，可以进入一个深约28m的墓室。这种建筑处理的用意在于营造从现世走向冥界的假象。金字塔的外面是沙漠中的太阳，而在金字塔里面则是黑暗统治着。金字塔是法老整个陵墓的主体部分，它的周围还建有一些附属的建筑，包括停灵用的庙宇、柱厅、神座、祭祀的庭院等，构成一个系列化的巨大的崇拜建筑群体（图1-2-2）。

图1-2-2 昭塞尔金字塔，埃及

埃及最著名的金字塔是开罗西南吉萨（Ciza）的三座第四王朝法老的金字塔，分别是胡夫（Cheops）、哈夫拉（Chephren）、门考拉（Menkaura）三位法老的陵墓。胡夫金字塔是埃及最大的金字塔，高146.5m，哈夫拉金字塔高143.5m，门考拉金字塔高66.4m，都是具有很强的艺术表现力的等边的方锥体。胡夫金字塔的底面呈正方形，边长约230m，四边长度相差不到20cm，四个角极为准确地指向东、西、南、北四个方位。相对于其他金字塔的简单，胡夫金字塔则较为复杂。入口位于北面中央偏东之处，从这里有一通道下沉至中央的一个自然岩床，此处建有一室，原为准备存放遗体之处，但后来遗体改存放于金字塔真正内部。从入口通过长长的甬道与上、中、下三墓室相连，其中处于所谓的皇后墓室与法老墓室之间的甬道长46.6m、高8.5m、宽2.1m，坡度达26度。此外，法老墓室中还有两条通向塔外的极为细长的通道，可能是法老灵魂升天的通道。

三座金字塔在蓝天白云和一望无际的大漠之间展开，气势恢宏。它们是正方位的，互以对角线相接，造成建筑群参差的轮廓。三座金字塔都用土黄色石灰石建造，外面贴附着一层磨光的白色石灰岩，光滑如镜，反射着太阳的光芒（图1-2-3、图1-2-4）。

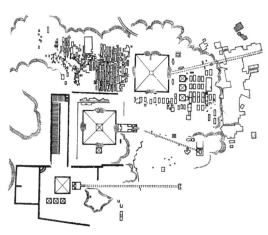

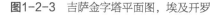

图1-2-3 吉萨金字塔平面图，埃及开罗　　　　　　　图1-2-4 吉萨金字塔

在哈夫拉金字塔祭庙门厅的旁边，雄踞一尊巨大的面向东方的狮身人面像，即"斯芬克司"。雕像是以整块天然岩石雕凿而成，高约22m，长约57m。其头戴国王的披巾，额上有蛇的标志。面部长约5m，是依照依哈夫拉的形象雕刻，用人和兽的混合体代表统治者的权威是埃及人的创造，狮身人面像代表着狮子的力量和人类的智慧，象征着古代法老的智慧和权力。狮身人面像设计在通向金字塔的主轴上，处于金字塔三角形区域之外。其昂然举起的浑圆的头颅和踞伏的身躯，同远处金字塔的方锥体产生了强烈的对比，使整个建筑群富于变化，增强了空间的灵动感（图1-2-5）。

当古代世界七大奇迹中的其他6个都已经倾颓消泯，唯有古埃及的金字塔却仍然在尼罗河畔屹立，为远古时代的辉煌留下了伟大的见证。金字塔是古代埃及人智慧的结晶，数千年来它历经着太阳的炙烤、暴烈的狂风和肆虐的砺雨，仍然稳固地伫立在尼罗

图1-2-5 吉萨金字塔狮身人面像

河畔，接受着时间的洗礼，成为人类建筑艺术史不朽的丰碑。

尽管金字塔建筑内部结构也相当复杂，但所有设计都是出于陵墓的功能需要。哈夫拉金字塔祭庙至今还比较完整地保存着。祭庙内有许多殿堂供祭祀用。庙宇的门厅距金字塔较远，其间是长达数百米的狭长幽暗的甬道，给人以深奥莫测之感。甬道的尽端是塞满方形柱子的大厅，巨大的横梁与柱子垂直对接，坚实有力。大厅后面是几个露天院子。整个空间在行进的过程中所造成的空间的狭窄和豁朗、黑暗与明亮的对比手法运用得十分成功，给建筑本身增加了不少神秘气氛（图1-2-6）。

中王国时期随着政治中心由尼罗河下游转移到上游，因此，出现了背靠悬崖峭壁的石窟陵墓，这成为中王国时期建筑的主要形式。这时神殿柱子不像以往那样竖立在殿内，而是建在大殿外围。

古王国和中王国时期的住宅的室内布局与现今的住房相差无几，尤其是贵族的住宅，内部很明确地划分成门厅、中央大厅以及内眷居室和仆人房。中央大厅为住宅的中心，其天花板上有供采光的天窗。有的大厅中央是带莲头的深红色柱子，墙面装饰往往是画满花鸟图案的壁画（图1-2-7）。

图1-2-6 金字塔祭庙

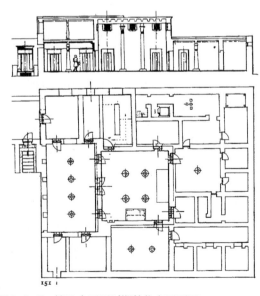

图1-2-7 埃及中王国时期的住宅平面图

3. 新王国时期

新王国是古埃及的全盛时期，为适应宗教统治，宗教以阿蒙神（Amon，即太阳神）为主神，法老被视为神的化身，因此神庙取代陵墓，成为这一时期最重要的建筑。

神庙在一条纵轴线上以高大的塔门、围柱式庭院、柱厅大殿、祭殿以及一连串的密室组成一个连续而与外界隔绝的封闭性空间，建筑没有统一的外观，除了正立面是举行宗教仪式的塔门，整个神庙的外形只是单调、沉重的石板墙，神庙建筑真正的艺术重心是在室内。其中柱厅大殿成为建筑史上最伟大的奇迹之一。大殿室内空间中，密布着众多高大粗壮且直径大于柱间净空的柱子，人在其中感到视线处处受遮挡，使人觉得空间的纵深复杂无穷无尽。柱子上刻着象形文字和比真人大几倍的彩色人像。可以想象，这种空间气势使人感到自己的渺小和微不足道，自然给人一种压抑、沉重和敬畏感，从而达到宗教所需的震慑感。大厅中央两排柱子高出其他柱子，形成高侧窗（Clerestory）从而达到采光的目的，而透进来的光线散落在柱子和地面上，离正中越远光线越暗，更增加了这幽暗大厅的神秘莫测。天花板模仿着天空，在蓝色的背景上点缀着许多黄色的星，在其中画着展开双翅神圣的鸱鹰。为加强宗教统治，这样的神庙遍及埃及全国，其中最为著名的是卡纳克（Karnak）阿蒙（Ammon）神庙，这也是当前世界上仅存规模最大的庙宇。卡纳克神庙的大殿空间宽103m，进深52m，密集着134根柱子。中央两排12根柱子高21m，直径3.57m，两侧122根柱子，高12.8m，直径2.74m。圆柱造型浑朴，为花蕾式纸草柱头，梁枋和墙面刻满象形文字和图像。大殿后是中殿小院和过厅，最后是封闭的圣殿。整个空间序列中，天花板由无到有，由高而低，地面则由低而高，殿堂渐小，空间趋暗，层层递进，直至圣殿已完全变成暗黑的空间。可以看出，这种逐渐深化的序列产生一种极强神秘、恐怖气氛。这一时期，除崇拜太阳神外，哈托尔女神也同样受到崇拜。登得拉神庙便是其中惹人注目的一例。神庙中每一个柱头都是哈托尔（Hathor）女神的四面头雕，柱身、墙壁上都刻满了女神崇拜的雕刻（图1-2-8～图1-2-11）。

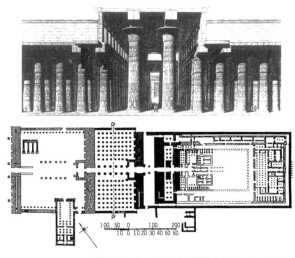

图1-2-8 卡纳克阿蒙神庙立面、平面图

图1-2-9 卡纳克阿蒙神庙，埃及

图1-2-10 卡纳克阿蒙神庙　　图1-2-11 卡纳克阿蒙神庙

　　卢克索神庙（Luxor Temple）的规模也很大，它是公元前14世纪古埃及法老艾米诺菲斯三世为祭奉太阳神阿蒙而修建的。到第十八王朝后期，又经拉美西斯二世扩建，形成现今留存下来的规模。卢克索神庙坐落在卢克索高原中心的尼罗河东岸。卢克索神庙长262m，宽56m，由塔门、拉美西斯庭院、一个大厅和侧厅组成。神庙的入口是一座高大的塔门，塔门前耸立着两尊高14m的拉美西斯二世的巨大石雕坐像，塔门前有一座高高的方尖碑，塔门上有描绘拉美西斯二世征战的浮雕。庭院四周三面是柱廊，北面入口的柱廊由两排共14根柱子组成，每根柱子高20m，柱顶为绽放的纸草花冠，典雅而有气势（图1-2-12～图1-2-14）。

　　埃及最精美、最著名的文物古迹，首推拉美西斯二世在阿布辛贝勒（Abu Simbel）建造的神庙。除了外面的院墙及一个小的太阳神神龛外，整座神庙都是在一块巨石上雕刻而成。神庙的正面是四座巨大的国王坐姿雕像，约22m高，雕像之间的大门入口，一直通向山崖深处的一系列内室。通过狭窄的正门是一间由8根9m高角柱支撑的大厅，其中相对地站着8尊巨大的神像柱，高达5.5m，形象极尽夸张。天花板上绘有神鹰，墙壁

图1-2-12 卢克索神庙，埃及　　图1-2-13 卢克索神庙

图1-2-14　卢克索神庙塔门

饰满浮雕。向里纵深掘进约55m，分别是小厅、多柱厅、圣殿及仓库等（图1-2-15、图1-2-16）。

新王国时期大量使用石柱从而促进了柱式的发展，除了传统的柱式外又有棕榈树式、纸草花式、莲花蕾式和神像式等多种柱头式样，柱身也有了纪念碑的意义，多刻有纪念性的象形文字和浮雕。

建筑的大量兴建，使相应更多场所和空间就需要绘画和雕刻。其中，内容尤其丰富的绘画作品最大特点就是增加了许多世俗的场面，且人物的运动感、体积感比以往更为真实，色彩更为华丽，这一时期是绘画的黄金时代。

贵族的住宅也有所发展，室内的功能更加多样，除了主人居住的部分，还增加了柱厅和一些附属空间，如谷仓、浴室、厕所和厨房等。其中柱厅为住宅的中心，其天花

图1-2-15　阿布辛贝勒神庙

图1-2-16　阿布辛贝勒神庙室内

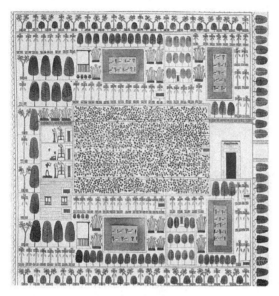

图1-2-17　底比斯墓壁上绘制的花园

板也高出其他房间，并设有高侧窗。这些住宅仍多为木构架，墙垣以土坯为主，且有装修，墙面一般抹一层胶泥砂浆，再饰一层石膏，然后画满以植物和飞禽为题材的壁画，天花、地面、柱梁都有各种各样异常华丽的装饰图案。

同样，贵族住宅的花园这一时期也达到了一定规模，从墓穴发现的壁画中可以找到埃及人从事花园设计和园艺活动的证据。在一座公元前1390年的墓画中可以看到一座房子坐落在有围墙的花园中，园中有葡萄园、苹果园、池塘及各种树木（图1-2-17）。

毫无疑问，宫廷园林要比贵族花园大，现存的遗迹是位于哈布城的拉美西斯三世庙，曾经有个小型宫殿和花园，它们是由土坯建造的（图1-2-18）。

二、古代西亚

古代西亚也曾是人类文明的最早摇篮。西亚地区指伊朗高原以西，经两河流域而到达地中海东岸这一狭长地带，幼发拉底河（Euphrates）和底格里斯河（Tigris）之间称为美索不达米亚平原（Mesopotamia），正是这没有天然屏障且广阔肥沃的平原，使各民

　图1-2-18　拉美西斯三世庙及花园

族之间互相征战，以至于王朝不断更迭，从公元前19世纪开始先后经历了古巴比伦、亚述、新巴比伦和波斯王朝。

1. 苏美尔

最先在美索不达米亚这块土地上创造文明的并不是古巴比伦人，而是更早的苏美尔（Sumerians）民族，他们早在公元前五千纪～四千纪就定居在两河下游。

美索不达米亚流域缺乏石料和木材，因而当地人主要使用太阳晒干的泥砖来建造房屋。在岁月消磨、洪水冲刷以及战争破坏下，其大多建筑都已不存在或化为土丘。保存至今最古老和最完整的苏美尔建筑是乌尔纳姆统治时期建造的乌尔纳姆（Urnanlnm）神庙。其约建于公元前2000年，同其他苏美尔神庙一样是由泥砖层层叠起如同金字塔状的平台之上，因而有"塔庙"（Ziggurat）之称，被喻为神圣的山巅。它的底层基座长65m，宽45m，四个角分别指向东、南、西、北四个正方位，这表明苏美尔人当时已经具备了相当的天文观测能力。塔庙现存部分总高约21m，有三条长坡道通向第一层台顶。一条垂直于正面，两条贴着正面，三条坡道相交于第一点后，再由一条坡道直入神殿。台顶上原本还有一层基座长37m、宽23m的平台，以及一座月神大庙，但已损毁。整个塔庙使用泥砖建成，厚实的表面是以沥青灰泥连接日晒砖而成。

乌尔纳姆塔庙的造型与埃及金字塔相似，它的造型同天体崇拜的宗教观念相一致，以其高大体量和单纯的形式唤起人们崇敬的心情，并蕴含着象征的喻意。历经四千年风霜，它至今仍然巍然屹立在美索不达米亚平原上，见证着苏美尔文明的不朽成就（图1-2-19）。

内部空间设计最为出色的是一座属于原始文化时期的伊阿娜（Eanna）神庙。由于拱顶的需要，神庙厅堂和居室空间多为狭长形，神坛也是长长的，并和周围可能是摆设

图1-2-19　乌尔纳姆塔庙

神像的神龛相连通。由于尚无法解读那个时代的符号，很难理解这些边厢的真正用途。另一个大厅有六根泥砖砌成的圆柱分两排竖立，一道阶梯由高凸的地方通向大厅。大厅的四壁、阶梯的扶手及圆柱都嵌满圆锥形陶钉（baked clay cones），陶钉由红、白、黑三色组成缤纷的类似编织的纹样，它既保护了泥墙，又是一种极其雅致的装饰。后来大约在公元前三千纪之后，人们多用沥青保护墙面，并在上面贴满各色的石片和贝壳，构成色彩斑斓的装饰图案。

这一时期的住宅由于两河下游缺乏良好的木材和石材，人们用黏土和芦苇造屋，公元前四千年起才开始大量使用土坯。一般房屋在土坯墙头排树干做为梁架，再铺上芦苇，然后拍一层土。因为木质低劣，室内空间常常向窄而长向发展，因此也无需用柱子，布局一般是面北背南。内部空间划分采用芦苇编成的箔做间隔。

2. 古巴比伦王国

古巴比伦（Babylon）王国（公元前1900年~前1600年）的文明基本是继承苏美尔文化的传统。这一时期是宫廷建筑的黄金时代。宫殿豪华而实用，既是皇室办公驻地，又是神权政治的一种象征，还是商业和社会生活的枢纽。宫殿往往和神庙结合成一体，以中轴线为界，分为对外殿堂和内室两部分，中间是一个露天庭院。室内比较完整的就是玛里（Mari）城一座公元前1800年的皇宫。皇宫的大部分是著名的庙塔所在的区域，在另一侧小部分是国王接见大厅的附属用房。在大厅周围的墙壁上是一幅幅充满宗教色彩的壁画，其中一幅是描写玛里国王和他的守护神在一起的情景，另一幅是战神伊什塔尔正在给国王授权的场面，画面中国王穿着缀有流苏的衣裳，头带高大的头饰，还有各种各样怪兽，整幅壁画从人物的动势到画面的构图都给人一种新奇独特的感觉。宫殿西边是祭祀用的庙堂及办公、生活区和一些贮藏室。庙堂里伫立着皇家祖先的雕像，其中一个厅堂的神龛里，立着一个女水神像，双手握着流水的瓶罐。

3. 亚述

两河上游的亚述（Assyia）人于公元前1230年统一了两河流域，又开始大造宫殿和庙宇，最著名的就是萨尔贡王宫（Palace of Sargon）。宫殿分为三部分：大殿、内室寝宫和附属用房。大殿后面是由许多套间围合的庭院，套间里有会客大厅，皇室的寝宫就在会客大厅的楼上。宫殿中的装饰非常令人惊叹，有四座方形塔楼夹着三个拱门，在拱门的洞口和塔楼转角的石板上雕刻着象征智慧和力量的人首翼牛像，正面为圆雕，可看到两条前腿和人头的正面；侧面为浮雕，可看到四条腿和人头侧面，一共五条腿。因此各个角度看上去都比较完整，并没有荒谬的感觉。宫殿室内装饰富丽堂皇，豪华舒适，其中含铬黄色的釉面砖和壁画成为装饰的主要特征。雪花石膏墙板上布满了浅浮雕，主要内容是战争功绩、狩猎活动和祭祀活动，尽管这些题材在各个时期都是司空见惯的，但后来的尼尼微宫及其住宅室内壁画装饰达到亚述时代的最高峰，墙面浮雕内容依然是政治事件和宫廷生活，但选用不同的构图使单调的内容得以丰富，并开始注意画面的节奏和韵律，而且还善于运用较复杂的动势表现内在的情感变化（图1-2-20～图1-2-22）。

4. 新巴比伦王国

公元前612年亚述帝国灭亡，取而代之的是新巴比伦（Neo-Babylon）王国，这一时期都城建设发展得惊人。巴比伦城再次焕发活力，成为当时世界上最繁荣的城市之一。其城市平面近似长方形，出于防御的需要，整个城市由两道厚6m，相互间隔12m的城墙围成。城墙上每隔一段距离设有塔楼，城墙之外是一条与幼发拉底河相通可以航船的护城河，河上架有九座桥分别通向城门。城市的北面是正门伊什塔（Ishtar）门，这是一

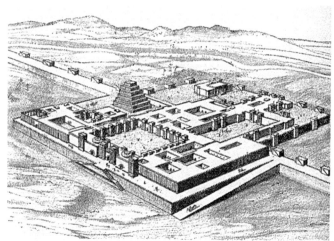 

图1-2-20　萨尔贡王宫复原图　图1-2-21　萨尔贡王宫人首翼牛像

图1-2-22　萨尔贡王宫（复原图）

图1-2-23　新巴比伦城伊什塔门（复原图）　　　　图1-2-24　新巴比伦城局部复原图

座高度达23m的高大雄伟的拱形大门，大门及两边的塔楼表面饰以华丽饰边的蓝色琉璃砖，其上有一层层动物的图案（图1-2-23、图1-2-24）。

　　这一时期最为杰出的建筑是被称为世界七大奇迹之一的"空中花园"（Hanging Garden）。它可能就位于伊什塔门内西侧的宫殿区中。它是由尼布甲尼撒为其来自伊朗山区的王后修筑的。据推测这是一座边长超过130m、高23m的大型台地园。空中花园并非悬在空中，而是建在数层平台上的层层叠叠的花园，每一台层的外部边缘都有石砌的、带有拱券的外廊，其内有房间、浴室等，台层上覆土，种植树木花草，台层之间有阶梯联系。台层用机械水车从幼发拉底河引水到顶层进行浇灌，并逐层往下浇灌植物，同时也形成瀑布跌水。这些覆盖着植物的、愈往中心愈升高的台层，宛如绿色的金字塔耸立在巴比伦的平原上。蔓生和悬垂植物及各种树木花草遮住了部分柱廊和墙体，远远望去花园仿佛立在空中一般，空中花园（或悬园）便因此而得名（图1-2-25、图1-2-26）。由于两河流域基本上是平原地带，故人们十分热衷于堆叠土山，宫殿、神庙也常常建在土台上。在高地上设建筑，既是突出主景的手段，又能开阔视野，同时，在洪水泛滥时，高地也是更为安全的地方。

　　此时宫殿饰面技术、室内装饰也更为豪华艳丽，内壁镶嵌着多彩的琉璃砖，这时的琉璃砖已取代贝壳和沥青成为重要饰面材料。琉璃饰面上有浮雕，它们预先分成片断做在小块的琉璃上，贴面时再拼合起来，内容多为程式化的动植物或其他花饰，在墙面上

　图1-2-25　巴比伦"空中花园"（复原图）　　图1-2-26　巴比伦"空中花园"（复原图）

图1-2-27 亚述皇宫浮雕"花园中宴饮"

均匀排列或重复出现，不仅装饰感强，而且更符合琉璃砖大量模制生产的需要。这时的装饰色彩比较丰富，主要是深蓝、浅蓝、白色、黄色和黑色。

另外，从建筑遗迹的浮雕中可以了解皇家花园中的情景，国王和王后在葡萄树下大摆筵席，庆祝他们刚刚取得的胜利。浮雕中的果园有苹果、樱桃和石榴等果树（图1-2-27）。

5. 波斯

波斯（Persia）即现在的伊朗，于公元前538年攻占巴比伦成为中东地区最强大的帝国。波斯对于所统治的各地不同民族的风俗都予以接纳，包括亚述和新巴比伦的艺术传统，同时吸取埃及等远方的文化，融合而成独特的波斯文化。波斯的建筑环境也有着鲜明而浓厚的民族特色，其中代表波斯建筑艺术顶峰的是帕赛玻里斯宫殿（Palace of Persepolis）。它建在一个依山筑起的高12m高的平台上，大体分成三部分：北部是两个正方形大殿，东南是财库，西南是寝宫。两个大殿中，其中大的一座边长68.6m，横竖各10排11m高的柱子，共一百根，故被称为"百柱大殿"。柱子极其精致而生动，柱头是经过高度概括对称的两个牛头，它们背靠一个身子，木梁从牛身上穿过。这部分的高度几乎占整个柱子高度的五分之二。柱础是高高覆钟形的，并刻着花瓣。柱身有40～48个凹槽。天花的梁枋和整个檐部都包着金箔，墙面画满了壁画。整个大殿的室内空间给人一种精致、细腻而又充满趣味的感觉，并没有过于神秘和压抑的气氛。财库内的柱子是木质的，表面覆盖一层厚重的石膏，再施以红、蓝、白三色斑斓的图案（图1-2-28～图1-2-32）。

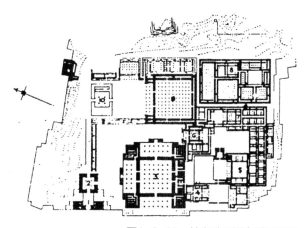

图1-2-28 帕赛玻里斯宫殿平面图

图1-2-29 帕赛玻里斯宫殿"百柱大殿"（复原图）

图1-2-30 帕赛玻里斯宫殿遗迹

图1-2-31 帕赛玻里斯宫殿遗迹

图1-2-32 帕赛玻里斯宫殿局部

第三节 古印度与古中国

一、古代印度

古代印度是指今印度、巴基斯坦、孟加拉所在的地区。早在公元前三千多年印度河和恒河流域就有了相当发达的文明，建立了人类历史上最早的城市。大约在公元前两千年，外来的征服者在印度北部建立了一些小国家，制定出种姓制度，创立了婆罗门教，即后来的印度教。公元前五世纪末产生了佛教。后来又出现了专修苦行的耆那教。因而印度的文化与宗教的关系非常密切，宗教性的建筑及室内装饰代表了古代印度设计的最高成就。

古代印度大致可以分为四个时期：1）公元前3000年至前2000年的印度河文化时期，有考古发掘的摩亨佐·达罗等古城；2）公元前2000～前500年的吠陀文化时期，建筑以木结构为主；3）公元前324～前187年的孔雀帝国佛教兴盛的时期，代表性的是石建寺庙和石窟；4）公元6世纪以后婆罗门教又重新取代了佛教，后来转化为印度教，还有专修苦行的耆那教，并出现了婆罗门教和耆那教寺庙。

1. 古代印度河文明

据印度远古文化遗址的发掘报告，公元前2300～公元前1800年间的印度河流域上古文明时期，已经出现了火砖建筑，陶器、青铜器等实用工艺品也相继问世。自20世纪20年代起经过长期考古发掘，最重要的古城遗址摩亨佐·达罗城（Mohenjo-daro）被发现。

摩亨佐·达罗城（图1-3-1）在今天的巴基斯坦信德省，大约在公元前2500年建成于今巴基斯坦境内印度河流域。当时的城市已有较大规模，面积约2.5km²，其大部分尚未挖掘。摩亨佐·达罗意为"死者之丘"，城市布局分为西面的卫城和东面的下城两部分，其中西区卫城建造在一个6m高、占地8hm²，四周用砖砌筑的巨大人造土丘上，周围有城墙和壕沟，城墙上建若干望楼。主城门在西南角，城内的建筑一般有夯土或土坯台基。卫城可能是摩亨佐·达罗的政治和宗教中心，贵族也可能居住于此，但迄今尚未发现大型宫殿和神庙遗址。卫城上最引人注目的建筑发现是一座大浴池，它长约12m、宽7m、深2.4m，南北两端有台阶向下。这座大浴池可能是供祭司或统治者在宗教仪式前净身的场所。浴池的防渗漏处理相当出色，排水系统也十分完善，实际上整座城市都建有堪称古代世界最先进的给排水系统。水池的东面和北面可能建有该地区最高统治者的宅第，池的西面是大谷仓。卫城的东面地势较低，称为下城，是居民和工商业区，估计有居民约四万人。这里的街区都经过精心设计，三条南北向和两条东西向大道构成主要交通路线。居民住宅多为两层，其中一些住宅规模较大，有良好的布局。城的南半部是会堂和寺庙，会堂可能是祭祀用的，是一个边长约28m的方形大厅，里面是四排砖砌的圆柱。寺庙的四周有柱廊，里面有走道和各种房间。据推断，这个时候古印度已经形

图1-3-1　摩亨佐·达罗古城，巴基斯坦

成了自己的宗教体系，建筑也形成相应的形制。

　　摩亨佐·达罗古城遗址所展现出来的有条不紊的城市规划布局能力以及建筑材料的模数化表明古代印度文明已经发展到了一个很高的阶段。

　　2. 佛教建筑

　　孔雀王朝（The Maurya dynasty）在公元前三世纪中叶统一了印度，建筑在继承本土文化的基础上又融合了外来的一些影响，逐步形成佛教建筑的高峰。这一时期除了著名的桑契（Sanchi）的大窣堵坡（Great Stupa）建筑物之外，就是用来举行宗教仪式的石窟建筑"支提"。

　　窣堵坡是印度佛教中专门用于埋葬佛骨的纪念性建筑，自孔雀王朝以来，它成为佛教礼拜的中心，阿育王曾在印度建84000座窣堵坡以纪念佛陀。桑契大窣堵坡就是在早期安度罗时代建立的最杰出的窣堵坡之一，它是早期印度佛教建筑艺术发展的顶点。

　　在印度中央邦首府博帕尔以北46km处的桑契，一座小山从平原上突兀而起，山上共有3座窣堵坡，被考古学家依次编为1、2、3号。桑契大窣堵坡特指1号窣堵坡。由于佛教在其发源地逐渐被印度教所取代，桑契窣堵坡惨遭破坏并长久被人完全忘却。

桑契大窣堵坡（图1-3-2、图1-3-3）建于公元前273年至公元前236年间，是印度早期佛塔建筑的典型代表。但现在只有核心部分的结构为原物，其余均为后世加建。今天矗立在该处的建筑，大部分建于公元前1世纪。桑契为现代地名，桑契大窣堵坡为窣堵婆式圆塔，形如半球，建于两层台基之上，内藏佛骨，顶立伞盖。大窣堵坡直径约32m，高约12.8m，立在约4.3m高的圆形台基上。它的设计是象征性的，象征佛力无边又无迹无形，是佛陀形象的具体化体现。半球形的实体，象征天国的穹窿，

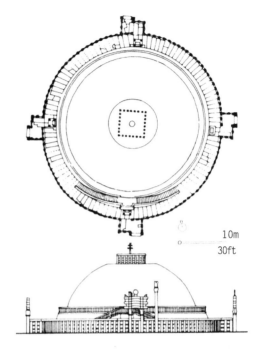

图1-3-2 桑契大窣堵坡平、立面

顶部有一方形平台，平台围以一圈石栏杆，正中立一柱竿，代表着从底部宇宙的水中通向天空的世界中轴。柱竿上的三个华盖称为佛邸，是天界的象征，被解释为佛教的佛、法、僧三宝物，佛是宇宙万物的至尊统治者。

底层塔基周边有宽约4m的环道，周围环绕着一圈石栏杆，建造得非常巧妙，仿佛

图1-3-3 桑契大窣堵坡，印度，博帕尔

023

图1-3-4 桑契大窣堵坡石门

为木质构成。同样以石头砌成，并仿照木制结构在上面刻了三排横向的桁条，使它们同柱子连为一体。柱子末端的螺纹表示横断面树的年轮，被认为是有生命的植株的象征。大窣堵坡按东西南北方伫立被称为多拉那雕饰华丽的四座石门，石门高约10m，仿木结构造型，表面覆以精美浮雕，题材大多是佛祖的故事（图1-3-4）。南门设有阶梯。大门形如牌坊，在两根方形门柱上横架三道门梁，门梁两端呈圆形，刻以旋纹，类似卷轴，门梁中央的横幅浮雕行如画卷。石门的柱、梁通体有佛教内容的浮雕，柱头等处刻有象、狮、异兽、药叉女神等形象。这些浮雕和雕像代表了早期佛教雕刻的风格。其中著名代表有东门3道门梁上的大浮雕，自下而上分别为"六牙象本生故事"、"佛出家门"、"礼拜佛塔"。此外，有西门梁上的"击败摩纳妖族"浮雕，以及东门双柱四面的浮雕和药叉女神像等。浮雕中凡需表现释迦牟尼形象处，皆以象征形式或灵位代替。

朝拜者进入门后向左转，按太阳运行的方向环绕窣堵坡一周，与宇宙天体运动的轨迹相契和，默念着埋葬在中心的圣物，从物质性的感觉世界进入精神世界，领悟宇宙的根本意义。在桑契的佛塔中，除1号塔外，2号塔也较重要，其有众多浮雕，风格较古拙。

"支提"代表印度佛教一种主要建筑类型，它是在整个山崖上开凿出来的，这种石窟通常被称为"支提"（Chaitya）。支提平面多为瘦长的马蹄形，通常为纵向纵深布置，尽端成为半圆形后殿，两排石柱沿岩壁将空间划分为中部及两侧通廊，这种通廊实际上是非常窄没有实际用途的假廊（图1-3-5）。后殿上方覆盖着半个穹窿，纵向则覆盖筒状拱顶。后殿尽端处设置一个窣堵坡，为了增加采光量，常常在大门厅的上方凿开一个火焰形的券洞。最著名的是卡尔里（Karli）支提，它深37.8m，宽

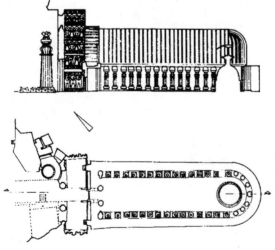

图1-3-5 卡尔里支提，印度

14.2m，高13.7m，内部为几排紧密排列的柱子分成中殿和耳室。柱子上有一些装饰，而且每个柱子的柱础都是一个雕成水罐似的基座，柱头的顶端立着一对大象，一男一女骑在象背上。窟顶呈拱形，并雕刻着类似木制的构架。里端半圆形平面中设计成一座窣堵坡，信徒们可按佛教仪式沿着柱廊走至窣堵坡绕行。从巨大的券洞中射进室内的光线，映照在柱间和窣堵坡上，幽深虚幻给人一种很强烈的印象（图1-3-6、图1-3-7）。

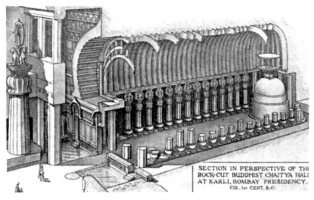

图1-3-6　卡尔里支提（复原图）

约公元320年，一个强大的新帝国笈多崛起，这就是笈多时代，是文化昌明的时代，导致科学、建筑、视觉艺术和文学的全面繁荣。其中著名石窟的就是位于德干

图1-3-7　卡尔里支提

高原临近商路的阿旃陀（Ajanta）石窟群。石窟环绕半山腰凿石而成，洞窟有大有小，有高有低，有深有浅。石窟于公元前2世纪开始修建，公元650年竣工，前后达数百年之久。其中有支提窟五个，其余的是僧侣的处所。该石窟建筑具有很高的艺术水平，内部也华美异常，列柱精雕细刻，柱身刻凹槽及花格饰带。壁画也比比皆是，一般都描绘印度古代宫廷生活景象、佛祖生平史迹以及战争的情景。里面的窣堵坡造型华丽丰富，前端加一对圆柱支撑的拱门，里边则是一尊佛陀像。整个石窟内部的设计风格不仅带有明显的民间木结构印迹，而且也融合了希腊的某些手法，体现了当时在文化上兼容并蓄的特点。石窟有大量保存完好的精美雕刻与壁画，以宣扬佛教为主要内容，有关于释迦牟尼的诞生、出家、修行、成道、降魔、晓法、涅槃的壁画，也有反映古代印度人民生活及帝王宫廷生活的画面。画中人物、花卉、宫廷、田舍、飞禽、走兽等构图大胆，笔调活泼，形象逼真，引人注目。这些洞窟建成时间不一，其壁画各具特色。艺术家以丰富的想象，运用瑰丽的色调，描绘了近1000年间各种各样的生活情况（图1-3-8、图1-3-9）。

另一座的宏伟的岩凿石窟神庙位于距孟买港约6英里海面的象岛（Elephanta）。象岛上还有其他石窟神庙，但最精美、最重要的是一座带有列柱的湿婆石窟。这座列柱石窟

图1-3-8　阿旃陀石窟群，印度，德干高原

图1-3-9　阿旃陀石窟内景

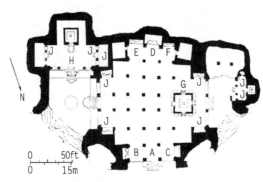
图1-3-10　象岛神庙平面

图1-3-11　象岛神庙内景，印度，孟买

大体上是东西走向，以西端一间方形的四门林伽密室为中心。正门入口通过北面一道大的石雕门廊，而这座大殿也向东西两端尽头的两座庭院开洞，每座庭院又包含着较小的神殿。在北面门廊两边的墙壁和大殿内的七处位置有湿婆神话中各种情节的浮雕。湿婆神呈现出许多化身，诸如大苦行者（Yogishvara）、舞王（Nataraja）、半男半女相（Ard-hauarishvara）和持恒河者（Gangadhara）等。在此发现的雕刻作品中，引人注目的还有立于林伽神殿凹门两侧的巨大的守门神像（图1-3-10、图1-3-11）。

3. 印度教和耆那教的设计

笈多帝国于公元6世纪灭亡以后，印度又陷入了长时期的分裂状态，直至穆斯林的到来。在这个时期，佛教逐渐被吸纳了其教义的印度教所取代，最终成为印度半岛的主导宗教。印度教的主要建筑类型是神庙。同希腊神庙相似，印度教神庙也是供奉神灵的居所，因此它的内部空间没有太大的作用，而将造型的重点放在神庙的外形上，并结合宗教的特殊含义，形成造型和装饰趣味与其他民族、地区迥然不同的印度风格。

这时的神庙普遍采用石材建造大量的婆罗门庙宇，其建筑的特点酷似塔状，不仅屋顶和墙垣没有明显的界限，而且把屋顶造成有宗教象征意义的纪念碑。从台基到塔顶布满了雕刻作品从而构成一座建筑。外部的建筑形式决定着内部的筒形空间特点，空间结构并不是很发达，并保留着许多木结构的手法。克久拉霍古迹就是这一时期的代表。

图1-3-12 克久拉霍古迹，印度，中央邦

克久拉霍古迹（Group of Monuments at Khajuraho,）位于印度中央邦，距印度首都新德里东南约500km。在这块东西长约2km，南北长约3km，总面积约为6km²的土地上，散布着众多印度教和耆那教的寺庙院落。这些独特风格的建筑，尤其是融宗教、世俗和性爱等主题为一体的雕饰，是公元10世纪印度文明的力证（图1-3-12）。

著名的婆罗密希瓦拉庙神庙，规模宏大，其主建筑坐落在围墙院内，由一些小神殿围绕。主殿、前殿、舞殿和献祭殿位于同一条轴线上。主殿为祀奉圣所，上方耸立着高塔。塔为曲拱形，塔身表面带有繁密的水平线，又有垂直的棱线，以肋拱构件的方式划分出许多面或段。它表示了一个微观的宇宙，构件层层叠起、层层上升，仿佛无穷无尽，以体现神的巨大无边。神庙的每一个部分都经过了周密的计算。塔顶是一个巨大的刻有肋拱纹的扁圆形盖石，其上承托着印度教沐浴仪式的水罐形满瓶饰，盖石如一个散发纯正香气的莲花蓓蕾（图1-3-13～图1-3-15）。

由筏驮摩那（Vardhamana）于公元前5世纪创建了耆那教，它同样反对婆罗门教的种姓制度，认为人靠自身的修行就能主宰自己的命运，尊重从人到虫的一切形式的生命。耆那教庙宇主要在印度北

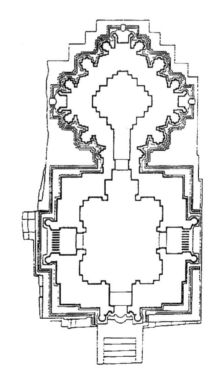

图1-3-13 婆罗密希瓦拉庙神庙平面

图1-3-14 婆罗密希瓦拉庙神庙立面

图1-3-15 婆罗密希瓦拉庙神庙，印度

部，其型制同印度教的相似，但较开敞一些。柱厅的平面通常为十字形，正中有八角形或圆形的藻井，以柱子和柱头上长长的斜撑支承。建筑物内外一切部位都精雕细琢，装饰繁复工艺精巧。其中西部的阿布山（Mt. Abu）上集中了许多耆那教庙宇。比较著名的迪尔瓦拉神庙（Dilwarra Temple）被称为曼达波（Mandapa）的门廊最为引人注目，实际上这也是一个多柱式独立的神殿，是不同房间之间的过渡。众多的石柱，形态各异精细玲珑，天顶上也是密密的浮雕图案。现存最早与最完整的耆那教寺是维马拉寺，内部富丽堂皇，全部为白色大理石建造，八根柱子支撑着充满雕刻的穹顶，一环环花边饰带环绕着顶心，饰带上置有镂空的垂饰和16尊智慧神像，形成一个绚丽灿烂的大华盖。

耆那教的因陀罗·萨帕神庙是一座富丽堂皇的石窟庙宇，庙内雕刻着叶形花饰和巨大石柱极为壮观，一朵硕大的莲花装饰垂悬于大厅的天花板正中，尽端是一位耆那教的救世主雕像端坐在那里（图1-3-16、图1-3-17）。

图1-3-16 因陀罗·萨帕神庙室内，印度

图1-3-17 因陀罗·萨帕神庙室内

二、古代中国

中国是世界上四大文明古国之一，位于欧亚大陆东南部。从地形上看，是东低西高，属于有大河流经的内陆型。像所有古代文明一样，中国文明也是在大河流域孕育的，黄河、长江是中华民族文化的摇篮。与其他几个文明古国相比，中国的地理位置最为偏远，在中国与其他文明之间是一望无际的大漠和不可逾越的雪山，这样的地理特点造就了中国古代文明与众不同的特点。漫长的几千年文明发展进程中，中国古代建筑环境逐渐形成了一套具有高度延续性的独特风格，在世界文明史中占有重要的地位，并对周边一些国家产生巨大影响。同西方建筑、伊斯兰建筑并称为世界三大建筑体系的中国建筑，不同于其他都以砖石结构为主的建筑体系，而是以独特的木构架体系著称于世，同时也创造了与这种木构架结构相适应的外观形象与空间布局方式。

中国传统文化是以儒教、道教和佛教"三教合流"为基础的，其实质就是中国文化"大一统"的思想精神，而这一切，又都在建筑及其环境中得到了形象化的表述。

上古至秦汉（至公元前220年）是中国建筑逐步形成和发展的阶段，从远古的巢居、穴居开始，人们就开始有目的地营造自己的生存空间。直至公元前21世纪出现了中国历史上第一朝代——夏代开始，又经过商、周、春秋、战国至秦汉，中国古代建筑作为一个独特的体系已基本上形成。

1. 史前至战国时期

史前时期主要是指上古至从夏、商、周、战国，秦统一中国至两汉，大约是在公元前21世纪到公元220年。中国境内目前已知最早的原始人类住所是大约50万年前旧石器时代北京猿人居住的天然岩洞，北京猿人在这里生活了至少30万年。在这样漫长的过程中，远古的中国人"穴居而野处"，"上栋下宇"——用木头为自己构造一个可避风雨、避禽兽的人工环境。中国的古人已经基本掌握了人工构筑房屋的方法。这个时期遗存下来的建筑形式中，较有代表性的主要有两种，一种是干栏式建筑，如约公元前5000年至前3300年的浙江余姚河姆渡遗址，这是一个长约23m，进深8m的木架建筑。主要特点是下层用柱子架空，上层作居住用，木构件遗物有柱、梁、枋、板等，房屋的木结构许多构件都有榫卯结构，这是一项十分重要的技术成就。

另一种是地穴或半地穴式房屋建筑，以约公元前5000年至前4300年的陕西西安半坡仰韶文化遗址最为有名。仰韶文化是我国新石器时代最著名的文化类型之一，最早发现于河南渑池仰韶村，以后陆续发现于河南、陕西、山西和河北的许多地区，其中陕西西安半坡村遗址是仰韶文化早期的突出代表。在一片南北长约300m、东西宽约200m的已发掘区域内，分布着大小40余座房屋建筑遗址（图1-3-18）。

最早的宫殿遗址是在河南偃师二里头发现的，这座夏末商初的遗址（图1-3-19），是一个百米见方，高0.8m的方土台，上有八开间的殿堂一座，东西长30.4m，南北宽11.4m，周围有回廊环绕，门在南面。殿堂柱径0.4m，柱列规整，前后左右相互对应，

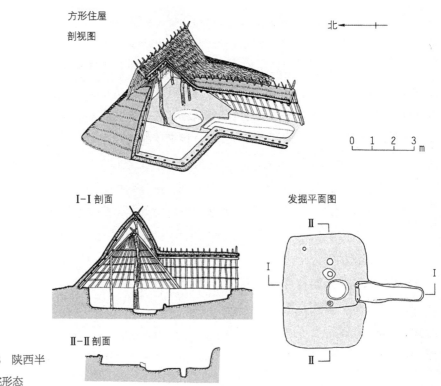

图1-3-18 陕西半坡原始住宅形态

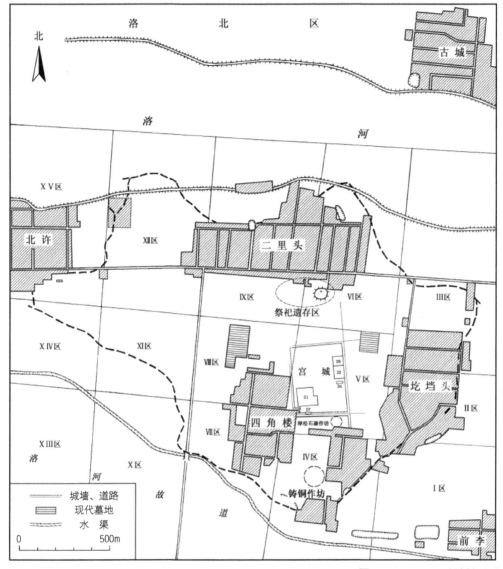

图1-3-19 二里头遗址平面

显示出清晰的木构架技术（图1-3-20、图1-3-21）。

战国时代的咸阳宫殿也是一座高台建筑遗址，这是一座60m×45m高6m的长方形土台，台上建筑物由殿堂、过厅、居室、浴室、回廊、仓库和地窖组成，其中殿堂为二层，寝室中设有火炕，居室和浴室都设有取暖用的墙炉（图1-3-22）。

在中国历史上，曾出现不少宏伟壮丽的城市，在城市选址、城市规划、城市供水排水、交通运输、园林防火等方面都有过卓越的成就经验（图1-3-23）。

中国的古人不仅构筑可避风雨的房屋以解决生存上的需要，而且很早就有意识地营造人工环境，这充分体现在园林景观环境方面。

中国古代园林的出现可以上溯到商、周时期。最早见于文字记载的园林形式是"囿"，园林里面的主要建筑物是"台"。商代的君主都在"囿"内筑高台以观天敬神，名为"灵台"。灵台为筑土结构，体量之大是今人难以想象的。因此中国古典园林的雏

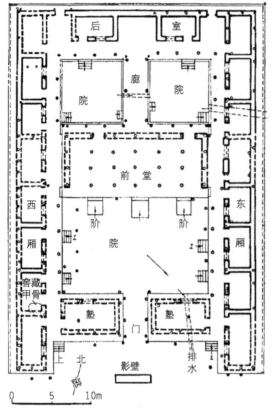

图1-3-20 河南偃师二里头宫殿平面图

型产生于约公元前11世纪商代的囿与台的结合。

据文献记载，远在殷代的帝王、贵族就有了放养、繁殖野兽以供帝王狩猎为乐的"囿"。另外，奴隶主征战凯旋归来时，为了炫耀武功也肆意游猎取乐，其又具有仪典的性质。所以囿的建置与帝王的狩猎活动有着直接的关系，可以说囿起源于狩猎。这时囿的游观功能虽然不是主要的，但已具备园林的雏型了。台的原始功能是登高以观天象、通神明，因而具有浓厚的神秘色彩。台还可以登高远眺，观赏风景。

囿和台是中国古典园林的两个源头，前者关涉及栽培、圈养，后者关涉及通神、望天。故也可以说栽培、圈养、通神、望天乃是园林雏型的原

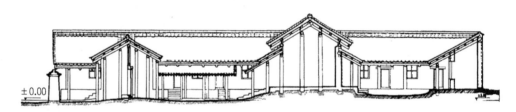

图1-3-21 河南偃师二里头宫殿剖面图

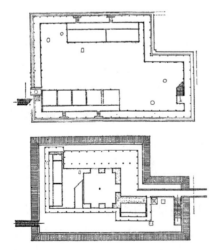

图1-3-22 咸阳宫殿遗址

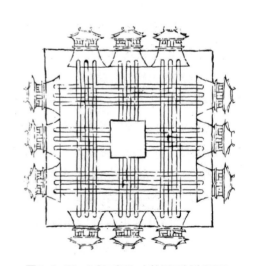

图1-3-23 《考工记》中的周王城布局图

初功能，游观则尚在其次。囿、台的本身已经包含着园林的物质因素，可以视为中国古典园林的原始雏型。而促成生成期的中国古典园林向着风景式的方向上发展的社会因素则是人们对大自然环境的生态美的认识——山水审美观念的确立。随着国家形态的日益成熟，礼制、政务、生活等社会活动日益清晰，苑囿中的高台也不再追求单体的高大，而与周围的建筑有了有机的结构关系。原始宗教迷雾的日渐消散，使得山水之美呈现出本来的面目，人们渐渐从超自然的崇拜中抬起头，开始领略和赞美自然的水光山色。

东周时台与囿结合、以台为中心而构成贵族园林的情况已经比较普遍，囿、台、宫、苑等的称谓也互相通用，均指贵族园林。其中观赏对象从最初的动物扩展到植物，甚至宫室和周围的自然山水都已作为成景的要素，如秦国的林光宫建在云阳风景秀丽的甘泉山上，能眺望远近之山景。

这时的宫苑尽管还保留着自上代沿袭下来的诸如栽培、圈养、通神、望天的功能，但游览观赏的功能显然已上升到主要的地位。花草树木成为造园的要素，建筑物则结合自然山水地貌而发挥其观赏作用，园林里面开始有了为游赏的目的而经营的水体。

另外，园林来源于中国一个长生不老的传说。据说长生不老的灵药是由仙山上的奇花异草炼制而成。因此，"海外仙山"的模式是这类人工环境的原型：通常在园林中央有一个水塘，象征着大海，在水塘中有三个小岛，象征了海外三座仙山：蓬莱、方丈和瀛洲，这种布局成为中国园林最基本的模式。

直至春秋战国时期，贵族园林不仅众多且规模较大，比较著名的是楚国的章华台、吴国的姑苏台。章华台又名章华宫，在湖北省潜江县境内，始建于楚灵王六年（公元前535年），历时6年才全部完工。经考古发掘的遗址范围东西长约2000m，南北宽约1000m，总面积达220万m²，位于古云梦泽内。云梦泽是武汉以西、沙市以东、长江以北的一大片水网、湖沼密布的丘陵地带，自然风景绮丽，流传着许多具有浪漫色彩的上古神话。遗址范围内共有大小、形状不同的台若干座，还有大量的宫、室、门、阙遗址。

2. 秦汉时期

早在公元前9世纪，西周王朝就在北方修筑城堡以抵御北方游牧民族的入侵。春秋战国之后，各路诸侯也纷纷在自己辖区边境筑墙自卫。公元前221年，秦始皇灭六国诸侯完成了中国的统一。为了维护国家的安全，抵御北方游牧民族的侵扰，便征召农民、士兵以及囚犯在内的30多万人，把此前燕、赵、秦等国的长城连接起来，并进行大规模的扩建增修，经过十几年的努力，建起了东起辽东、西至临洮，绵延万里的长城，史称"秦长城"。

长城以城墙为主体，包括城障、关城、兵营、卫所、烽火台、道路、粮舍武库诸多军事和生活设施，是具有战斗、指挥、观察、通讯、隐蔽等综合功能，并与大量长期驻屯军队相配合的军事防御体系。长城城墙平均高度7～8m，一般情况下山势陡峭的地方矮一些，山势平缓的地方相对高一些。城墙基宽6.5m，顶宽平均4.5m，墙顶宽度较大的地方，可容五马并行，十人并进。坡陡处用砖砌成阶梯状，以利于行走。墙内侧还设有防止守卫与巡逻的将士不慎坠下墙去的宇墙（也称女墙），外侧设有高约2m的垛墙，垛墙的上部设有瞭望口，下部有射洞和雷石孔，供观看敌情和射击、滚放雷石之用。

烽火台为一座独立据守的碉堡，建筑于长城沿线两侧的险要之处，或视野较为开阔的峰峦上。一般每距2.5～5km筑一台，每个台设有多个烽火墩，供燃放烟火以示警、传递军情用。

长城上最为集中的防御据点是关城。关城均建于有利于防守的重要位置，以收到凭极少的兵力抵御强大入侵者的效果。长城沿线的关城有大有小，著名的如"山海关"、"居庸关"、"平型关"、"雁门关"、"嘉峪关"以及汉代的"阳关"、"玉门关"等。

公元前206年，汉高祖刘邦称帝建汉之后，对秦长城进行了修缮，同时又修筑了一些新的长城，到汉代长城的总长度达万里以上。

秦始皇统一中国后，吸取各国不同的建筑风格和技术经验，也开始兴建规模巨大的新宫。公元前212年又兴建更大的朝宫，朝宫的前殿就是著名的阿房宫（Epang Palace），并以阿房宫为中心，建造许多离宫别宫。可是秦二世即位后，为了集中力量修筑始皇陵墓，把阿房宫停工一年，第二次开工还没等到竣工，秦朝就被推翻，阿房宫也被焚毁。尽管如此，秦代建筑的浑朴风格是非常鲜明的，其形体之大、尺度之巨是空前的，它是秦代统治者的力量、信心的体现，更是当时中国人宇宙观的体现。在建筑观念上，具有那种"以象天极"的雄浑、宏大的气魄，将人工营构的宫室看作是自然宇宙的有机构成，或看作自然宇宙的壮伟象征，这是极富文化意蕴的。

汉代建筑的气度、风范并不亚于秦代。汉代建筑的重大题材，依然集中在城市及其宫殿。汉代处于社会的上升时期，经济繁荣，农业进步，国力富强，也形成了中国古代建筑史上一个比较繁荣的时期，突出的表现就是木构架建筑日趋成熟，并出现了中国典型的建筑构件斗拱。这时的未央宫比较著名，位于当时世界最伟大、最繁华的都城长安。其中未央宫的前殿为主要建筑，整个平面呈狭长形，面阔大而进深浅，这也是当时宫室布局的一个特点。殿内两侧有处理政务的东西厢房。宫殿建筑是中国古代建筑的代表，其设计自然也受儒家文化的影响，遵循于严格的礼制、等级要求而取严谨对称的布局。

秦代与汉代不仅在年代上前后相续，而且"汉承秦制"，在文化性格、思潮与时代意绪上，也是相近的。秦汉建筑及其室内以其浑朴之风独具一格，其中以宫殿建筑的成就最高。

秦汉建筑的空间尺度巨大的特点非常突出，它是处于上升历史阶段的封建统治力量与王权观念在建筑上的体现，而最为根本的在于文化观念上。建造巨大的建筑，其旨趣往往在于象征自然宇宙、天地的浩大无垠。这一方面反映了天人合一的宇宙观，另一方面也反映了儒家文化中对建筑提出过"大壮"的要求。"大壮"出自儒学经典《易经》，这种大尺度的空间观念，就是一种阳刚壮大之美，以天地为巨大尺度来表现于建筑营造中的丰富想象与执着的追求，具有恢宏气度，是时代人格的真实写照。

这种风格也同样延续到室内空间中。宫殿内部往往体现出宏丽、华美和威严。但儒家更多的提倡是一种所谓"温柔敦厚"的艺术风格，也就是追求一种浑厚的和谐，每一部分都不应过分突出。这一主张的确对中国建筑艺术的总体风格产生了很大影响，甚至也是形成中国人的趋于平和、宁静、含蓄和内向的心理气质的原因之一。

根据墓葬出土的画像石、画像砖，汉代的住宅已比较成熟和完善。一般规模较小的住宅，平面为方形或长方形，屋门开在当中或偏在一旁。房屋的构造除少数用承重墙结构外，大多是木构架结构。窗的形式有方形、长方形、圆形多种。后来又发展了"一堂二内"的制度，也是平民比较喜欢的布局。有的住宅规模稍大，有三合式与日字形平面的住宅，布局常常是前堂后寝，左右对称，主房高大。贵族居住在更大的住宅。合院内以前堂为主，堂后以墙、门分隔内外，门内有居住的房屋，但也有在前堂之后再建饮食歌乐的后堂，除主要房屋以外，还有车房、马房、厨房、库房等附属建筑。由此已看出，中国住宅的合院布局已经形成，这种主次分明、位序井然，充分反映出中国家庭中上下尊卑的思想观念（图1-3-24、图1-3-25）。

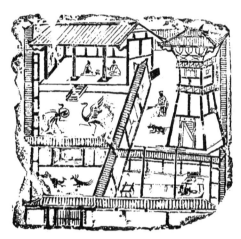

图1-3-24 画像砖中的汉代住宅

住宅内部的陈设也是随着建筑的发展以及由起居习惯的演化而决定的。由于跪坐是当时主要的起居方式，因而席和床榻是当时室内的主要家具陈设，尤其是汉代的床用途最广泛。人们在床上睡眠、用餐、会客。汉朝的门、窗常常置帘与帷幕，地位较高的人或长者往往也在床上加帐幔，其逐渐成为必需的设施，夏天既可避蚊虫，冬天又蔽风寒，同时也起到装饰居室的作用。几、案等家具都很矮放在床上，床的后面和侧面立有屏风。这时还没有椅子和凳子，一般都是席地而坐或坐在床上。床、几、案等家具材料多以木材为主，常嵌以象牙、象骨等装饰，这时的漆艺技术也很发达。这时也出现很多技术高超的工匠，鲁班就是其中最杰出的一员。传说他发明了锯子，为木材的加工带来了巨大的变革。这时的室内装饰已相当讲究。窗子通常采用装直棂或叙格等较复杂的花纹，或在窗外另加笼形格子。室内天花中的藻井至少已有"覆斗形"和"斗四"两种

图1-3-25 画像砖中的汉代住宅

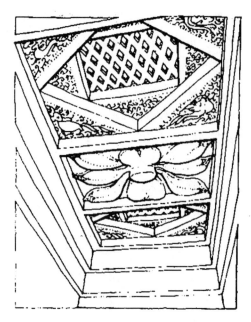

图1-3-26 汉代住宅中的"斗四"

形式了（图1-3-26）。

　　总的来讲，秦汉无论宫殿还是住宅的风格，都具有浑厚朴拙的大气，近乎一种"天然的人工"般的豪放与粗犷。

　　直至汉代建筑内外所用的花纹装饰大量增加，既有动植物纹样，也有人物纹样和几何纹样。动物纹样有龙、凤等，植物纹样以卷草、莲花较为普遍。几何纹样有绳纹、齿纹、三角、菱形、波形等。这些纹样以彩绘与雕、铸等方式用于梁、柱、斗栱、天花、墙壁、门窗、地砖等处。在色彩方面，自春秋战国以来开始在宫殿的柱上涂以丹色，斗栱、梁架、天花施彩绘。总之，所有这些装饰手法都达到结构与装饰的有机组合，成为以后中国古代建筑及室内装修的传统手法之一。

　　秦汉时期的园林也一直沿袭前代，秦始皇统一全国后，曾在渭水以南建造上林苑，苑中建有很多离宫，还在咸阳"作长池，引渭水，……筑土为蓬莱山"，开始了筑土堆山。汉武帝时，修复并扩建上林苑，面积延伸到渭水以南，南山以北都成为汉帝的苑囿，把长安城从西、南两面包围起来。武帝在长安城西兴建的建章宫是当时最大的宫殿，他信奉方士神仙，因此在宫内修建太液池，池中堆筑蓬莱、方丈诸山用来象征东海神山。这种摹仿自然山水的造园方法是中国古代园林的主要设计手法，而池中置岛也成了园林布局的基本方式（图1-3-27）。

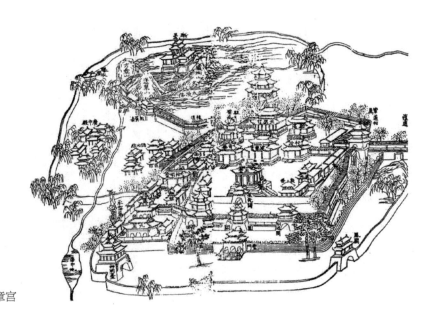

　　图1-3-27 建章宫

西汉时，贵族的园林也发展起来，如梁孝王刘武筑有兔园，宰相曹参、大将军霍光等都有私园。可以看出西汉已开创了以山水结合花木房屋而成园林风景的造园风格。

东汉时，大将军梁冀在洛阳广开园圃，园中"采土筑山，十里九坂，以象二崤，深林绝涧有若自然，奇禽驯兽飞走其间"（《后汉书·梁冀传》）。这种直接摹仿洛阳附近崤山景色的做法，使武帝时仿造海中神山的造园思想更加世俗化了。

第四节　古代美洲

一、玛雅

古代的玛雅文明，创造了可以与世界上同期其他文明相争辉的建筑艺术。玛雅文明是美洲古代印第安文明的杰出代表，以印第安玛雅人而得名。主要存在于墨西哥南部、危地马拉、伯利兹以及洪都拉斯和萨尔瓦多西部地区，约形成于公元前2500年，公元前400年左右建立早期奴隶制国家，公元3-9世纪为繁盛期，15世纪衰落，最后为西班牙殖民者摧毁，此后长期湮没在热带丛林中。

公元250年，玛雅文明进入盛期，各地较大规模的城市和居民点数以百计，都是据地自立的城邦小国，尚未形成统一国家。各邦使用共同的象形文字和历法，城市规划、建筑风格、生产水平也大体一致。主要遗址大多分布在中部热带雨林区，蒂卡尔、瓦哈克通、帕伦克、基里瓜等祭祀中心已形成规模宏大的建筑群。玛雅大多数古城的中心是一座城堡或一座神殿。玛雅人的建筑强调宗教建筑物的庄严性，往往在台基上建造神庙，玛雅金字塔就是在这些台基上发展起来的。

位于危地马拉北部丛林的蒂卡尔（Tikal）是玛雅的文化中心，如今仍有3000座以上的金字塔神庙、祭坛和石碑等遗迹分布其中，气象宏伟，城区面积达50km²。

蒂卡尔古城的核心是外婆大广场，考古学家对广场上的金字塔神庙其进行了编号，广场东西两侧的称为一号和二号神庙，三号和四号位于二号神庙的后面，五号位于南侧。其东侧是巨豹金字塔即1号神庙，是玛雅建筑群中保存比较完好的一座金字塔。塔高56m，分为9级，塔身陡峭峻直，塔顶建有尖型小庙。

广场西侧是二号金字塔神庙，高约70m，下部塔基高46m。登上塔顶可眺望蒂卡尔全城景色。当年这座塔全部涂成血红色。金字塔由三层高台叠成，内部用土石填充。塔顶的庙宇即"假面神庙"有三间小殿，神殿墙上有多幅壁画。庙顶上耸立着一个形如发冠的空心屋脊，比庙宇本身高两倍，自上而下雕满各种宗教图案，而今这些装饰只留下斑驳的色块。神庙正面的中楣上有精制的浮雕装饰，在其尖顶上，有一幅壁画描绘了一个囚犯被处决的情景。

金字塔顶上的神庙已损毁，只保留了它的骨架。屋顶之上曾有高大的"护板"，每部

分都有浮雕。神庙的门楣与横梁刻制得非常
精美，用的都是当地的坚硬木料。庙前有一
直通的台阶，阶梯很陡，其间没有平台，直
上直下，加强了塔庙的险峻雄伟的气势。蒂
卡尔的金字塔往往成对出现，非常陡峻，倾
斜度竟达到70度，塔上神庙顶端建有奇特的
发冠形屋脊（图1-4-1～图1-4-3）。

在墨西哥恰帕斯山脉最北部的山脚下，
有一个叫帕伦克（Palenque）的古城遗址，
因其有着丰富多彩的建筑而著称。这里已
经发现12座神庙和一座宏伟的宫殿。

帕伦克城的核心也是由宫殿和神庙组

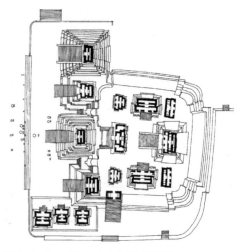

图1-4-1　蒂卡尔金字塔神庙平面

成，其中最有名的是一座被称为"碑铭神庙"（Temple of lnscriptions）的金字塔形建筑，
因其神庙内壁刻有的617个玛雅象形文字而得名，这些文字成为后人破译玛雅文化之谜
的钥匙。这座神庙底边长65m，梯形平台共分九层，总高21m。从台基到金字塔顶，需
登100级台阶，再从神庙的室内往下走，同样要登100级陡峭的台阶，才能到达地下墓
室。神庙的地板下存在一条秘密通道，直通25m深的地下深处。通道的尽头是一间墓
室，其中陈列着一个石棺，石棺之内是一具佩满珠宝的尸骨，并发现了多种玉石和祭
品。根据象形文字研究对照证实，这具尸体就是公元7世纪帕伦克全盛时代的国王帕卡
尔。这座王墓的发现，表明中美洲金字塔形神庙同时也具有陵墓的作用，同时也显示出
古代美洲玛雅人出色的建筑空间造型的能力，在中美洲文明史研究上有着重大的意义。

二、托尔特克

大约在8世纪，生活在墨西哥湾西部的一支托尔特克（Toltecs）部落被外敌驱赶渡海
进入了尤卡坦半岛北部。他们很快接受了玛雅人的文化，重新使玛雅文明恢复活力，进

图1-4-2　蒂卡尔金字塔神庙，危地马拉

图1-4-3　蒂卡尔金字塔神庙，危地马拉

入了玛雅的后古典时代。

位于墨西哥境内尤卡坦半岛北部梅里达城东120km处的奇琴伊察（Chichen ltza）城是托尔特克——玛雅文明的重要遗物，现存数百座建筑物，素有"羽蛇城"之称。奇琴伊察古城最早建于432年，保存至今的建筑有金字塔神庙、千柱厅、球场、天文观象台等遗迹，其中最著名的建筑是建于987年的库库尔坎（lukulkan）金字塔神庙和武士神庙。"库库尔坎"在玛雅语中的意思就是长羽毛的蛇，同时它也是入侵的托尔特克首领的绰号。库库尔坎金字塔由塔身和神庙两部分组成，因祭祀奇琴伊察主神库库尔坎而得名。金字塔高29m，四方对称，底大上小，四边棱角分明。台基海边长55.5m，共9层，向上逐层缩小至梯形平台，上有高6m的方形神庙。每面正中有台阶91级，如将塔顶神庙也算做一级的话，加起来正好是365级，象征玛雅历法中太阳历的一年天数。每年春分和秋分时节在夕阳的余晖照射下，由于平台光影的作用，北面一组台阶的侧墙上会出现七段首尾相连的等腰三角形，弯弯曲曲一直延伸到金字塔底部的羽蛇神头宛若一条巨蛇从塔顶向大地游动，形成波浪形的长条，犹如蛇身不断向下逶迤游动，象征着羽蛇神在春分时苏醒，秋分日又回去。这就是奇琴伊察特有的"光影蛇形"的神秘景观。这一景观表明，当时的玛雅人已掌握了精密的计算技术和天文知识，他们把这一奇景看作是羽蛇神从天而降，赐予他们太平盛世的吉兆（图1-4-4）。

图1-4-4 奇琴伊察城金字塔和千柱群，墨西哥

图1-4-5　武士神庙入口

库库尔坎神庙处于一个很大的广场的中央，它的周围分布着许多重要建筑，包括一口用活人祭祀的圣井、一座武士神庙（Temple of Warriors）和一座天体观测台。圣井的直径约60m，井口呈椭圆形，井壁陡直，深约23m。这口井为当地人提供饮用水，被作为朝圣之地。在干旱年代，活人被扔入井内，以期感动雨神，缓解旱情。玛雅人将精心选出的美女或是孩子活活扔入井水中，以奉献给雨神，祈求来年有个好年景，那些在井中数小时后仍存活的人则被救起，并受到礼遇，他们被认为已与雨神交谈过了。现已有不少贵重金属、玉石和宗教图像从井中打捞上来了，许多从井内发现的物品属于特尔托克时期以后的年代，所以有理由认为，在以后相当长一段时期内，这口井一直被视为神圣的地方。

金字塔的东面是武士神庙（图1-4-5），建在四层金字塔上。塔的前面和左面是一大片石柱，称为"千柱群"，虽然不足千柱，但面积有140~150m²，足见当年这些石柱支撑着多么大的一片建筑物。武士神庙在金字塔顶端，庙的入口处有一个巨大的"恰克莫尔"雕像，雕像后面的墙上雕有库库尔坎风神和羽蛇像。神庙正面入口的两根柱子被做成奇特的羽蛇形，蛇头在地上，蛇身和蛇尾则高高翘起。在它们之前是一个半躺着的神像，手捧的盘子专门用于盛放刚刚从活人体中挖出的心脏，以此祭献天神。庙的后墙有几根圆柱，上面刻有魔鬼、武士和"巴卡勃"（代表东、西、南、北）神像。庙内有一张巨大的石桌，石桌的腿是石雕的武士，这张石桌很可能是一座祭台。

天体观测台建在与圣井相对的一侧，它的建造年代可能要早于托尔特克人入侵之时。这座建造在两层平台之上的建筑采用了中美洲罕见的圆形平面，内部有旋梯通向顶端观测室。观测室的墙很厚，其上开有很窄的窗子。现在人们认为它实际上也是一座神庙。但它与太阳、金星的运行有着密切的联系，并精确地指示出南极的方位，体现了玛雅人所具有的极高的天文知识（图1-4-6）。

奇琴伊察城中还有一个当时中美洲最大的球场，全长175m、宽74m。球场两侧是长约84m、宽约37m的墙。墙的正中上部各有一个石圈，高约6m，圈中孔洞直径约48cm。球赛的规则可能是利用胸、臀、前臂和膝盖等部位将球送入对方石环中（图1-4-7）。

球场附近还有三个平台：女神爱斯平台、雄鹰和美洲虎平台以及头骨架平台。头骨架上的图案显示着堆积起来的人的头盖骨，使人联想到某种可怖的用途，或许是用来展示被害者的头颅。另外两个平台用于宗教仪式，有时也包括祭祀活动。

图1-4-6　天体观测台　　　　　　　　　　　　　　　　　　　图1-4-7　球场

三、阿兹台克

阿兹台克（Aztecs）文明主要指墨西哥首都墨西哥城周围的几个古代文明遗址，其中最早、最大的是城东北40km的特奥蒂瓦坎。在欧洲殖民者到来前，印第安人在这里建起了强大的阿兹台克帝国，首都是特诺奇蒂特兰（即现墨西哥城），他们创造的文明也称"阿兹台克文明"。

特奥蒂瓦坎（Teotihuacan）在印第安语中的意思是"诸神之都"，这里兴建有大量宏伟的建筑，成为当时中美洲的第一大城，城的主轴是一条宽45m、长逾2500m的大道即"黄泉大道"，标志性建筑包括著名的太阳金字塔、月亮金字塔、蝴蝶宫以及其他城堡、神殿等。

这些金字塔与神殿显然都用于一个目的——祭神（图1-4-8 ~ 图1-4-10）。太阳金字塔和月亮金字塔是特奥蒂瓦坎古城的主要组成部分。

太阳金字塔是特奥蒂瓦坎古城最大的建筑，建于2世纪，是古印第安人祭祀太阳神的地方。这座接近四方锥体的五层建筑坐东朝西，逐层向上收缩，正面有数百级台阶直达顶端。塔基长225m、宽222m、塔高66m，占地约5万㎡。它的平面设计采取了古代印加人视为神圣符号的五点形，即在正方形的四角各放置一个点，正方形的中心是第五点，它使

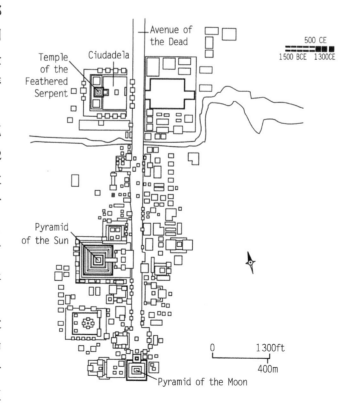

图1-4-8　特奥蒂瓦坎城平面布局

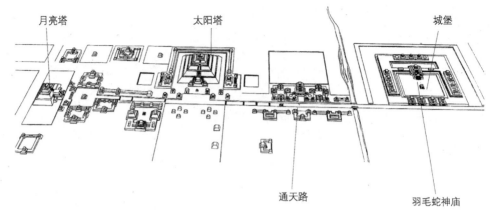

图1-4-9 特奥蒂瓦坎城布局示意图

图1-4-10 特奥蒂瓦坎城，墨西哥

图1-4-11 特奥蒂瓦坎城的月亮金字塔

所有相互对立的力量和解并合而为一，金字塔的顶点正好处于底座四角的中央，因此有人认为，太阳金字塔的建造是代表宇宙中心的。塔的内部用泥土和沙石堆建，从下到上各台阶外表都镶嵌着巨大的红色火山岩石板，石板上雕刻着五彩缤纷的图案。其正面筑有数百级石阶通到塔顶，台阶两侧镶嵌彩石或者雕刻图案，其余三面平整光滑。沿阶而上塔顶是一座太阳神庙，现已被毁。据18世纪西班牙历史学家考证说，当初这座庙金碧辉煌，黄金装饰的太阳神像站立在神坛中央，面对东方，端庄严肃，胸前佩戴着许多金银、宝石的饰物。当阳光射入庙堂时，神像周身闪射着灿烂耀眼的光芒，使人肃然起敬，由于神庙、神像被彻底拆毁，至今仍无法复原。

　　据有关迹象表明，在特奥蒂瓦坎晚期，曾宰杀活人祭献太阳神。人们剖取牺牲者的心脏献给太阳，祈求太阳运转不息。祭祀仪式惨烈恐怖，祭司将活生生的人摔昏，仰放在金字塔上的"牺牲石"上，面向太阳，开膛取出跳动的心脏，供于祭台上。取出心脏后的尸体被从斜坡上溜到地面，一具一具堆成小山。狂热的祭献，造成了人口的大量损失。而这个文明的消亡，学者们怀疑可能与这种无限度的牺牲祭献有关。

　　太阳金字塔向北是月亮金字塔，它坐落在城北，是祭祀月亮神的地方（图1-4-11）。它的建筑风格和太阳金字塔一样，只是规模较小，比太阳金字塔晚两百年建成。

它坐北朝南，长150m、宽120m、塔高46m，也分5层，顶部也是一个平台，建筑在平台上的神庙和其中供奉的月亮神像也不知所终。外部叠砌的石块上绘有许多色彩斑斓的壁画，塔前宽阔的广场可容纳上万人。

月亮金字塔南面有座蝴蝶宫，是宗教上层人物和达官贵人的住所，也是全城最华丽的地方。圆柱上刻着极为精致的蝶翅鸟身图样，至今仍然颜色鲜艳。现又在宫殿下面挖掘出饰有美丽羽毛的海螺神庙。这座古迹的地下排水系统纵横交错，密如蛛网。

图1-4-12　特奥蒂瓦坎城的羽蛇神庙

"黄泉大道"南端是羽蛇神庙，它原有七层大台阶，高约20m（图1-4-12）。每层大台阶的墙面上都间隔刻有披着羽毛的蛇神和拼花蛇的形象。过去人们曾认为这座神庙是一座可能用来祈雨的宗教建筑。在古代，雨水是保障农业生产、决定人们生存的至关重要的事情。美洲人崇拜蛇神，是因为蛇的形象与天空中伴随大雨而至的闪电十分相像，在神庙上刻上蛇的形象就可以保佑他们年年风调雨顺，兴旺繁荣。

著名的"黄泉大道"长约2.5km，宽约40cm，南端通往长方形城堡遗址。它之所以有这么个奇怪的名字，是因为1世纪最先来到这里的阿兹台克人沿着这条大道进入这座古城时，发现全城空无一人，他们认为大道两旁的建筑都是众神的坟墓，于是就给它起了这个名字。

特奥蒂瓦坎有着规整和严谨的布局设计，俯瞰特奥蒂瓦坎的遗址，显示出简明的几何形特征，它的整个城市似乎是严格按照一个事先的计划方案统一设计建造的。一般而言，古代城市往往是自然扩展形成的，然而，特奥蒂瓦坎的建筑布局却显示出某种数学的精密，网格状布局构成了清晰的几何形图案。而为了不使网格状平行的街道被切断，设计和建筑者将河流改道，引入另一条运河。城市中心广场上，两条大道垂直相交，3000m长、40m宽的城市中分线——"陵安大道"纵贯南北。甚至有研究结果显示，特奥蒂瓦坎的城市布局可能参照了太阳系的星图模型。

阿兹特克文明在发展过程中，吸收了托尔特克和玛雅文明的许多成就，建筑和艺术也达到相当高的水平。从特奥蒂瓦坎的遗址中可看到它精湛的壁画、雕刻和彩绘陶器，这是古印第安文化的瑰宝。在"农业神庙"的残壁上描绘着盛大宗教祭祀的情景，画中人物神态各异，排列成7行，人物口中吐出花纹，据历史学家说，这可能是托尔蒂克人的象形文字符号。现已发掘出栩栩如生的水神石雕像。它们是用几块巨石精心拼砌而成的。水神头戴冠冕，两耳佩戴耳环，面容严肃端庄，两目平视，身体粗壮，衣袍上雕刻着几何图案。

第五节　古希腊与古罗马

一、爱琴时期

古代爱琴海地区以爱琴海（Aegean Sea）为中心，包括希腊半岛、爱琴海中各岛屿与小亚细亚西岸的地区。它先后出现了以克里特（Crete）、麦西尼（Mycenae）为中心的古代爱琴文明，史称克里特——麦西尼文化。尽管爱琴文化被称为希腊早期文化，但爱琴文化和希腊文化之间有过一段较长的中辍期。同时尽管与古埃及和古代西亚在很多方面都有联系，但它又是自发成长起来的。因此，爱琴文化是个独立的文化，它的建筑环境也具有独特的艺术魅力。

属于岛屿文化的克里特（约公元前20世纪上半叶）是指位于爱琴海南部的克里特岛，其文化主要体现在宫殿建筑而不是在神庙。宫殿建筑及内部装饰设计风格古雅凝重，空间变化莫测极富特色。最有代表性的就是克诺索斯王宫（Palace of Knossos），它是一个庞大复杂的依山而建的建筑（图1-5-1～图1-5-3）。建筑中心是一个长52m，宽27m的长方形庭院，四周是各种不同大小的殿堂、房间、走廊及库房，房间之间互相开敞通透，室内外之间常常用几根柱子划分，这主要是克里特岛终年气候温和的原因。另外，内部结构极为奇特多变，正是因为它依山而建，造成王宫中地势高差很大，空间高低错落，走道及楼梯曲折回环，变化多端，曾被称为"迷宫"。功能上的舒适很关键，敞开式的房间在夏天可以感受到微风，另一部分可以关闭的房间在冬天能用铜炉取暖。另外还备有洗澡间和公共厕所，设有十分完备的排水系统。装饰与舒适同等重要，宫殿的室内庭院中间铺着石子，其他房间和有屋顶的地方都铺有地砖。柱廊和门廊中的柱子都是木制的，上粗下细，柱头是涂以黑漆的类似灯笼状肥厚的圆盘，圆盘之上有一块方石板，柱身涂以红漆。整个柱式造型奇异而朴拙，又不失细部装饰（图1-5-4）。房间和廊道的墙壁上充满壁画，天花板也涂了泥灰，绘有一些以植物花叶为主的装饰纹样，光线通过许多窄小的窗户和洞孔射入室内，使人置身其间有一种扑朔迷离的神秘感。此外，宫殿的建筑结构也是绝无仅有的，墙的下部用乱石砌，以上用土坯。土坯墙里再镶入涂成红色的木骨架，使构架裸露，很有一番独特的审美情趣（图1-5-5～图1-5-7）。

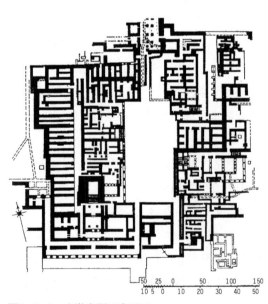

```
50  25  0      50    100   150
10  5  0    10   20   30   40   50
```

图1-5-1　克诺索斯王宫平面

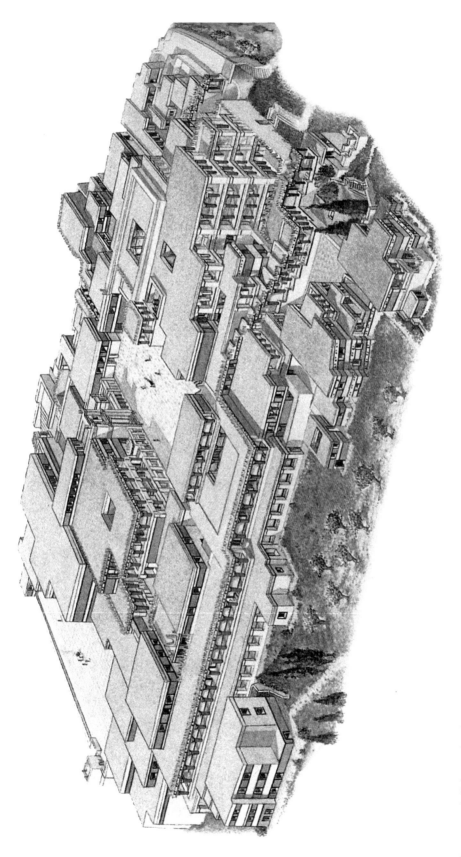

图1-5-2 克诺索斯王宫（复原图）

图1-5-3 克诺索斯王宫，意大利，克里特岛

图1-5-4 克诺索斯王宫内部

图1-5-5 克诺索斯王宫国王厅

图1-5-6 克诺索斯王宫室内一角

图1-5-7 克诺索斯王宫室内（复原图）

作为大陆文明代表的迈锡尼是位于希腊半岛的一座古城，其文化与克里特文化在很多方面都有所不同。它的宫殿建筑是封闭与外界隔绝的，主要房间被称作"梅格隆"（megarn），意是"大房间"，其形状是12m²的正方或长方形，中央有一个不熄的火塘，是祖先崇拜的一种象征。一般是四根柱子支承着屋顶。它的前面是一个庭院，其他型制同克诺索斯宫殿一样，空间呈自由状态发展，没有轴线。

由于迈锡尼的宫殿建筑大都毁坏，仅从建筑残留的遗址上，可以略见迈锡尼壁画的面貌。其中一幅描绘三只猎犬追捕一只受伤奔逃的野猪，飞跑的动物描绘得惟妙惟肖。

二、古代希腊

古代希腊（Helles）是指建立在巴尔干半岛及其邻近岛屿和小亚细亚西部沿岸地区诸国的总称。古代希腊是欧洲文化的摇篮，希腊人在各个领域都创造出令世人刮目的充满理性文化的光辉成就，建筑艺术也达到相当完善的程度。按其发展主要可分为三个时期：古风时期（前8世纪～前5世纪）；古典时期（前5世纪～前4世纪）；希腊化时期（前4世纪以后）。

1. 古风时期

古风时期的建筑还处在发展阶段，当时的社会认为建筑艺术更重要的是表现建筑的外部形态，因此他们的全部兴趣和追求都体现在建筑的外部形象。的确也由于这一时期在神庙建筑及其建筑装饰上所奠定坚实的基础，其设计原则和规律对以后的建筑产生深远的影响。

典型的神庙型制是用大理石建成的、有台座的长方形建筑，其中短边是主要立面和出入口，上面有扁三角形的山墙。神庙的中间是供置神像的正殿，前后各有一过厅，殿堂的四周是一圈柱廊，是外观的重要部分，它的主要建筑装饰部位就是柱廊中的柱子和神庙前后上部的山墙及檐壁。这些构件基本上决定了神庙面貌。因此古希腊建筑艺术的发展，都集中在这些构件的形式、比例和相互组合上。

柱子中的柱身一般都是刻有垂直槽纹的圆柱，上端比下端略细，柱头的式样是希腊建筑艺术最集中的体现，这一时期出现两种柱式：多立克式（Doric）和爱奥尼式（Ionic）。多立克式比较粗壮古朴、浑厚凝重。它的高度约为柱底直径的4～6倍。柱身下粗上细，逐渐以弧线收缩，并有16～20条垂直尖角浅凹槽装饰，柱头由一圆盘托着一块厚实的方石板，柱础直接置于石台上而没有基座。爱奥尼式比较秀丽华美，轻快典雅。它的高度约为柱底直径的8～10倍，柱身上下差别不显著，凹槽一般为24条，柱头是两对精巧柔和的卷涡形花饰，柱础多层而富于装饰，一般是由两层凸圆和一层凹面组合而成。

对于神庙的形象来说，山墙有着举足轻重的作用。它是一个钝角三角形，里面充满带有故事情节的高浮雕，一般是以宣扬神威为主题，故事中的人物（有的也有动物）巧妙而和谐地布置在三角形中。檐部的处理形式取决于柱式。多立克式的檐部比较厚，约为柱高的三分之一，主要是由三陇板（Triglyph）带垂直凹槽的长方形石板及其间板组成，间板中也像山墙一样主要以浮雕填充装饰。爱奥尼式的檐部比较薄，约为柱高的四分之一以下，它不是分开的三陇板，而是一条连续的浮雕装饰带。

室内殿堂中往往立一尊神像，这一时期的雕刻是比较幼稚的，风格也较古拙，环绕内墙周围常常设计成浮雕带，内容多为盛大的宗教活动。

2. 古典时期

古典时期是希腊建筑艺术的黄金时代。在这一时期，建筑类型逐渐丰富，风格更加成熟，室内空间也日益充实和完善。

帕提农（The Parthenon）神庙作为古典时期建筑艺术的标志性建筑，坐落在世人瞩目的雅典卫城的最高处。它不仅有着庄严雄伟的外部形象，内部设计也相当精彩。内部殿堂分为正殿和后殿两大部分。正殿长约30m，合100古雅典尺，故也称百尺殿。沿墙三面有双层叠柱式回廊，柱子也是多立克式的。安排这种双层叠柱式回廊，有助于缓解殿堂内过于高直的尺度感，丰富空间的层次，以及形成以神像为中心的向心感，从而加强了正殿的庄严气氛。中后部耸立着一座高约12m的用黄金，象牙制作的雅典娜神（Athena）像。女神头戴金盔、左臂持矛、手握盾牌，右手掌上立一个展翅的小女神像。整个人像构图组合极为精彩，被恰到好处地嵌入建筑所廓出的内部空间中。神庙内墙上是长达160m的浮雕带，这是帕提农神庙浮雕中最精彩的一部分，浮雕带高1m，位于距地面约12m高的四周廊壁上面。浮雕的内容是表现雅典娜举行的一次雅典娜女神祭祀游行的盛况，浮雕层次清晰，立体感和真实感十分鲜明。后殿是一个近似方形的空间，中间四根爱奥尼柱式，以此标志空间的转换。

帕提农神庙是希腊建筑艺术的典范作品，无论外部与内部的设计都遵循理性及数学的原则和体现了希腊和谐、秩序的美学思想：形式和比例的精美传达出一种数的关系，即黄金分割律；神庙中的每一条垂直线都是弧形的，使人感到优美饱满而富有弹性；充分运用"视觉校正法"来避免因错觉而产生的不协调感（图1-5-8~图1-5-13）。

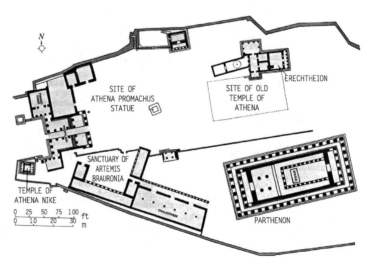

图1-5-8 雅典卫城及帕提农神庙平面图

图1-5-9　雅典卫城及帕提农神庙，希腊，雅典

图1-5-10　帕提农神庙　　　　　图1-5-11　帕提农神庙室内

图1-5-12　雅典卫城山门　　　　　图1-5-13　雅典卫城女像柱门廊

　　最能体现这一时期建筑艺术成就和特点的还有埃皮道若斯（Epidaurus）剧场，这是古典后期建筑的最大成就之一。公元前350年修建于伯罗奔尼撒半岛东北部沿海埃皮道若斯，这座有着完美的扇形平面的剧场的扇形看台直径达118m，从上到下高达24m，分布有34排座位，可容纳一万四千名观众。它不仅规模大，而且体现了古典后期剧场建筑的一些新特点。主要表现在观众席和表演区两个方面。观众席增设了石凳，且每隔一定距离安放一个铜瓮，利用铜瓮的共鸣作用来改善剧场的音响效果（图1-5-14）。

　　柱式在这一时期出现了科林斯（Corinthian）式，它是由爱奥尼柱式演变而来，柱身与柱础和爱奥尼式相仿，柱头则是繁密重叠的卷叶形装饰，形似盛满花草的花篮，显得更为纤巧、精致和华丽，这种柱式在古典时期常用于室内（图1-5-15）。在卫城的另

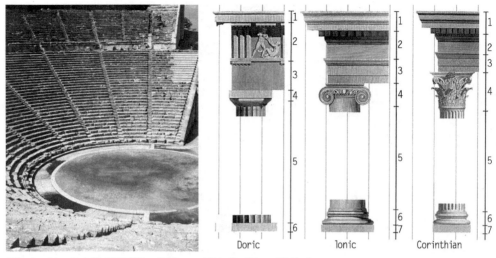

图1-5-14 埃皮道若斯剧场，希腊　　图1-5-15 三种柱式

一座称为伊瑞克提翁（Erechtheon）的神庙中，出现了希腊建筑艺术中最优美的女像柱（Caryatid），这种柱式出色地解决了雕像与柱子的关系，使它们既能支承起建筑物的荷重，又表现出女性宁静秀美的体态。

3. 希腊化时期

公元前4世纪后期，北方的马其顿（Macedonia）发展成军事强国，统一希腊，并建立起包括埃及、小亚细亚和波斯等横跨欧、亚、非三洲的马其顿大帝国。这个时期被称为希腊化时期（Hellenic Period）。

这一时期一改以往以神庙为中心的建筑特点，会堂、剧场、浴室、俱乐部和图书馆等公共建筑类型发展日益成熟，建筑风格趋向纤巧别致，追求光鲜花色，从而也失去了古典时期那种堂皇又明朗和谐的艺术形象。曾经体现着刚毅坚强的多立克柱式被华丽的爱奥尼柱式取代，成为希腊这一时期的主要柱式。

内部空间设计方面，除了形式上的秀丽典雅外，在功能方面的推敲已相当深入。如麦加洛波里斯（Megalopolis）剧场中的会堂，是一个长66m、宽52m的矩形空间，大约容纳一万人。座位沿三面排列，逐排升高。其中最巧妙的是柱子都按以舞台为中心成放射线排列，无论任何一个角落都不会遮挡视线。

供市民集会用的米利都元老议事厅是一座颇为壮丽的新型建筑。它的室内空间是一个长方形大厅，观众席呈半圆形环绕着讲台，并逐级升高，以放射形纵向过道为主。座位的前后各有两根爱奥尼式柱子，带窗户的墙壁被一排排多立克式半壁柱所划分，秩序感很强。整个室内给人以庄重气派的感觉。大厅前面有一个封闭的回廊内院，构成一个完整的空间序列。

古希腊的建筑以其完美的艺术形式，精确的尺度关系，营造出一种具有神圣、崇高和典雅的空间氛围。其不仅以三种经典华贵的柱式为世人瞩目，在室内陈设上也达

到很高的成就，其中雕塑便是最好的
典范。如帕提农神庙室内精美的浮雕、
圆雕都成为内部空间不可缺少的一部
分。因此，雕塑往往成为希腊化时期
神殿、会堂以及住宅陈设的主要艺术
形式。

人们对古希腊园林所知甚少，甚
至少于对古埃及园林的了解。只是在
荷马史诗中曾经有过描述，就是古希
腊的园林是由丛林、庭园和园林组成
了室外空间（图1-5-16）。

图1-5-16 古希腊园林中的诸神雕像，德国柏林

三、古代罗马

正当古希腊开始衰落时，西方文化的另一处发生地——罗马（Rome）在亚平宁半
岛崛起了。古代罗马包括亚平宁半岛、巴尔干半岛、小亚细亚及非洲北部等地中海沿岸
大片地区，以及今西班牙、法国和英国等地区。古罗马自公元前500年左右起，进行了
长达二百余年的统一亚平宁半岛的战争，统一后改为共和制，以后不断地对外扩张，到
公元前1世纪建立了横跨欧、亚、非三洲的罗马帝国。古罗马继承并发展了古希腊的建
筑文化，其建筑类型多，型制发达，结构水平也很高，建筑的形式和手法极其丰富，对
以后的欧洲乃至世界的建筑产生深远的影响。

1. 罗马共和时期

这一时期开始广泛应用券拱技术，并达到相当高的水平，形成了古罗马建筑的重要
特征。这一时期重视广场、剧场、角斗场、高架输水道等大型公共建筑，其中广场是古
罗马城市建设中最卓越的代表。

在罗马人建设的城市中，广场是不可或缺的空间元素，是城市中公共生活的核心。
罗马人重视广场建设，共和时期的广场直接继承古希腊广场的型制是城市的社会、政
治、经济活动中心。广场周围建有庙宇、交易所、市政厅、作坊等，布局比较自由。帝
国时期，广场的作用有了改变，成为帝王歌功颂德、宣扬帝国国威和力量的场所，布局
变得严谨对称，以象征和歌颂皇帝的神庙作为主体建筑，并常以皇帝的名字命名。罗
马城最早的广场是罗马广场（Forum Roman），是罗马城中公共建筑云集的场所，神庙、
市政府、市场、集会场、体育场等公共建筑都分布在广场周围，成为市民集会和交易
以及城市政治和宗教活动的中心。其中广场的政治特色可由元老院（Curia）、议事堂
（Comitium）和言论台（Rostra）三部分来代表。元老院是罗马议会所在地，以后经历数
次增建改建，目前砖造建筑是公元303年戴克里先（Diocletian）在位时所建。议事堂位

图1-5-17　罗马广场遗迹，意大利　　　　　　　　　　图1-5-18　罗马广场

于元老院和赛佛鲁斯凯旋门（Septimius Severus）之间的部分，为选举时民众聚集的地方，言论台则是政治家发表演说的高台。由于罗马广场是在很长时期里陆续形成的，平面呈由西北——东南走向的不规则梯形（图1-5-17、图1-5-18）。

　　共和时期的柱式在古希腊的基础上大大发展，出现了塔司干柱式（Toscan Order），它是一种近似希腊多立克柱式，因为古罗马的建筑比希腊的高大，柱子也同样变高，所以塔司干柱式更富有细节，由一组线脚代替原来一个线角，并增加了同样丰富线脚的柱础。券柱式就是贴在墙上的装饰性柱式，并把券洞套在柱式的开间里，这主要是为改变支撑券拱的墙所形成的呆板构图。连续券的券拱和柱式的结合方法是把券脚直接落到柱子上，并在柱头上垫一小段檐部。罗马的爱奥尼柱式和罗马科林斯柱式只是在希腊柱式基础上稍加改进，使其线脚与雕饰更为丰富和细腻。总之，罗马柱式规范化程度已经很高，虽缺少希腊时期的精炼和单纯，但更趋向华丽、细密，从而被广泛地用于此后各类建筑中，成为西方古典建筑最鲜明的特征之一。

　　古罗马的住宅可分为四合院和公寓住宅。其中四合院住宅是供奴隶主和贵族居住的，现存的大多位于古城庞贝（Pompeii）。这类住宅的格局多为内向式，临街很少开窗，一般分前厅和柱廊庭院两大部分。前厅为方形，四面分布着房间，中央为一块较大的场地，上面的屋顶有供采光的长方形天窗，与它相对应的地面有一个长方形泄水池。房间室内采光、通风都较差，壁画也就成为改善房间环境的手段并成为这一时期室内装饰中最显著的特点。壁画一般分为两类，一类是在墙面上，用石膏制成各种彩色仿大理石板并镶拼成简单的图案，壁画上端用檐口装饰；另一类最为独特，也是罗马人的首创，它是在墙面上绘制具有立体纵深感的建筑物，通过视觉幻象来达到扩大室内空间的目的：有的像开一扇窗看到室外的自然风景；有的仿佛是"房中房"使房间顿显开敞。另外壁画的构图往往采用一种整体化的构图方法，即在墙面为各种房屋构件或颜色带划分成若干几何形区域形成一个完整的构图，同时也借鉴柱式的构成分为基座、中部和檐楣三段（图1-5-19～图1-5-24）。

图1-5-19 庞贝
住宅，意大利

图1-5-20 庞贝住宅花园

图1-5-21 庞贝住宅庭院

图1-5-22 庞贝住宅室内

图1-5-23 庞贝住宅室内壁画

图1-5-24　庞贝古城遗迹

2. 罗马帝国时期

罗马帝国是世界古代史上最大的帝国，其中在公元前一世纪至三世纪初，兴建了许多规模宏大而且具有鲜明时代特征的建筑，成为继古希腊之后的又一高峰。万神庙（The Pantheon）成为这一时期神庙建筑最杰出的代表，它最令人瞩目的特点就是以精巧的穹顶结构创造出饱满、凝重的内部空间——圆形大殿。大殿地面到顶端的高度与穹窿跨度都是43.3m，也就是说整个大殿的空间正好嵌下一个直径为43.3m的大圆球。在穹顶的中央，开有直径为8.9m的圆形天窗，成为整个大殿唯一的采光口，在结构上它又巧妙地减去圆顶顶部的重量，可以说是达到了功能、结构、形式三者的和谐统一。整个半球型穹窿表面依经线、纬线划分而形成逐级向里凹进的方格，逐排收缩，下大上小，整齐而有韵律，既有秩序感很强的装饰作用增强了穹面圆浑深远的效果，又进一步减轻穹顶的重量而具结构功能。与穹顶相对应的地面是用彩色大理石镶嵌成方形和圆形的几何图案。大殿的四周立面按黄金比例做两层檐部的线脚划分。底层沿周边墙面作7个深深凹进墙面的壁龛，以及在每个壁龛前面竖立一对整块大理石雕成的华丽的科林斯柱子，在7个壁龛之间是8个供有雕像的带有山花的小壁龛，在其两侧是方形壁柱。二层是假窗和方形线脚交替组成的连续性构图。整个四周立面处理得主次分明、虚实相映、整体感强。当人们步入大殿中如身临苍穹之下，加上阳光呈束状射入殿内，随着太阳方位角度产生强弱、明暗和方向上的变化，依次照亮七个壁龛和神像，更给人一种庄严、圣洁并与天国、神祇产生神秘的感应。

万神庙以其内部空间形象的艺术感染力而震撼人心，尽管这种单一集中式空间，若处理不好很容易显得单调乏味，然而万神庙的设计正是利用这单纯有力的空间形态，通过构图的严谨和完整，细部装饰的精微与和谐以及空间处理的参差有致，使其成为集中式空间造型最卓越的典范。同时也可以看出万神庙不同于古希腊建筑是为了从外部观看的，而是着重创造一个内部环境，信徒们通过与外部世界隔绝来和天神心灵相通。此后基督教也采用这种内部空间的新概念（图1-5-25～图1-5-29）。

古罗马公共设施的另一项突出成就是公共浴场（Thermae），它不仅是沐浴的场所，而且是一个市民社交活动中心，除各种浴室外，还有演讲厅、图书馆、球场、剧院等。

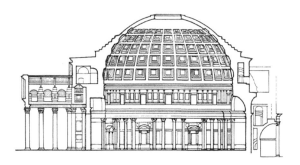

图1-5-26 罗马万神庙，意大利，罗马

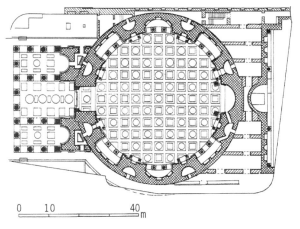

图1-5-25 万神庙剖面、平面图

图1-5-27 万神庙室内

图1-5-28 万神庙室内，意大利，罗马

图1-5-29 万神庙室内局部

卡拉卡拉（Caracalla）浴场就是罗马帝国时最著名的一座，它是一个长575m、宽363m的一座对称式并具有严谨空间序列的庞大建筑群（图1-5-30～图1-5-32）。卡拉卡拉浴场具有非常出色的平面布局，在主体建筑的中轴线上，依次排列着冷水浴、温水浴和热水浴三个大厅。大厅两侧完全对称地布置一套更衣室、洗漱间、按摩室、蒸汽室等。每侧都有一个出入口，辅助用房都安排在地下。温水浴大厅长55.77m、宽24.8m，屋顶是用火山灰筑成的十字交叉穹顶，穹顶支撑在8个巨大的石柱上。因这个大厅四周建筑较低，所以在大厅穹顶的四周开高侧窗，厅内光线十分充足。热水浴大厅位于这空间序列的最后，它像万神庙一样是一个带穹顶的圆形集中式空间，其直径35m，跨度在当时仅次于罗马万神庙。卡拉卡拉浴场的空间布局处理独具匠心而且内部空间的形式和组合也极其丰富。在空间形状上既有长方形的，还有方形的、方形和圆形结合的；有封闭空间还有开敞空间。在空间形象上，又有高矮、开合、大小等多种变化，并且由于结构的不同又造成诸如拱顶和穹顶的变化。因此卡拉卡拉浴场已非万神庙那种集中式单一空间，而是流转贯通且丰富多变的复合空间。另外浴

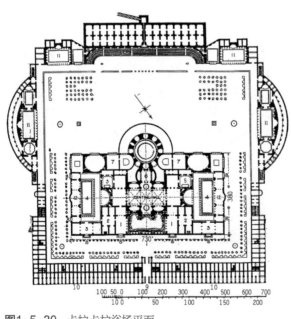

图1-5-30 卡拉卡拉浴场平面

图1-5-31　卡拉卡拉浴场遗迹，意大利　　　　　　图1-5-32　卡拉卡拉浴场遗迹

场的功能也十分完备，全部活动都可以在室内进行。所有重要的大厅都有天然的直接采光，有的地方也有内院采光。它有先进的取暖系统，墙内砌着热水管道和热烟通道，可使大厅的温度迅速升高。热水浴大厅的穹顶底部开了一圈窗子，以调节和排出雾气。浴场的室内装饰也十分富丽精美，墙面贴着各种颜色的大理石板或绘有壁画，地面铺着色彩艳丽的马赛克，壁龛里和沿墙装饰性柱子的柱头上都陈设着精美的雕像。

罗马大角斗场建于公元75年至80年，平面椭圆形，长轴188m、短轴156m。中央是用于角斗的区域，长轴86m、短轴54m，周围有一道高墙与观众席隔开，以保护观众的安全。周围是观众席有60排看台，并逐渐向后升起，总的升起坡度接近62%，观赏效果很好。席位按地位尊卑分区，距离角斗区最近的一区是皇帝、元老、主教等罗马贵族和官吏的特别座席，这样的贵宾座是用整块大理石雕琢而成的；第二、三区是骑士和罗马公民的座位；第四区以上则是普通自由民的座位。每隔一定的间距有一条纵向的过道，这些过道呈放射状分布到观众席的斜面上。整个大角斗场可容纳5万至8万人。这个结构的设计经过精密的计算，构思巧妙，可方便观众快速就座和离场。为了架起庞大的看台，罗马人在底层铺设了七圈石墩，每圈80个。楼梯在放射形的墙垣之间分别通达观众席各层各区，并形成看台坡面，人流不相混杂，出入口和楼梯都有编号，观众可对号入座；兽栏和角斗士室设在地下。这种完善的型制和布局原则至今在体育建筑中仍被沿用，反映了古罗马建筑的高度成就。

在观众席后是拱形回廊，它环绕着角斗场周围。回廊立面总为 48.5m，由上至下分为四层，下部三层每层由80个半圆拱券组成，每两券之间立有壁柱。壁柱的柱式第一层是粗犷的多立克式；第二层是轻盈柔美的爱奥尼式；第三层则是华丽细腻的科林斯式。这三层柱式结构既符合建筑力学的要求，又给人以美的视觉享受。第四层则是由有长方

图1-5-33　罗马角斗场，意大利　　　　　　　　　　　　　图1-5-34　罗马角斗场内部

形窗户的外墙和长方形半露的方柱构成，并建有梁托露出墙外，外加偏倚的半柱式围墙作为装饰。四层拱形回廊的连续拱券变化和谐有序，富于节奏感，它使整个建筑显得宏伟而又精巧，凝重而又空灵。角斗场的特点从任何一个角度都能详尽地显示出来，有很强的统一感，在重复和连续中显现出韵律和节奏，既保持了它几何形体的完整单纯性，也使它显得开朗、明快，富于节奏变化。

罗马角斗场规模宏大，设计考究，其建筑水平更是令人惊叹，尤其是它的立柱与拱券的成功运用，采用砖石材料，利用力学原理建成的跨空承重结构，不仅减轻整个建筑的重量，而且使建筑具有一种动感和延伸感（图1-5-33、图1-5-34）。

高架输水道也是罗马人的杰出创造。罗马的输水道并非用于农业灌溉，而是将水源地的水引入城市，供居民、浴场、喷泉等使用。当时古罗马对流体力学已有相当认识，罗马人将水自高处输入城中蓄水池时，为了避免水道坡度过分倾斜，多采取迂回的路线。水道经过山谷或低洼地区时，则建造券拱桥。整个输水道是以石块、砖或天然混凝土作材料，并用铅管、陶管和木管作为通入室内的水管。

罗马共和时期开始兴建输水道，在帝国时期达到高潮，仅罗马城就有11条，每天输入罗马城的总水量达31.8万m^3。在当年罗马帝国统治的区域内，不少地方还留存着古罗马输水道的遗迹，最著名的是现在法国南部加尔河上残存的一段高架输水道，它横跨加尔河，称为加尔水道桥。现存的这段输水道共三层，总高达47m，每层均有拱券。第二层和底层的跨度相同，跨度为16～24m，最大的一拱横跨加尔河上。顶层是输水道，由跨度为4.6m的小拱券组成。整个输水道极其壮观，它的各部分拱券间的比例和尺度，被认为是形式和谐设计的典范（图1-5-35）。

罗马帝国时期更是大建凯旋门、纪功柱、帝王广场和宫殿，为帝王歌功颂德、炫耀财富。在罗马人创造的各类建筑式样中，若论影响之深远，似应首推凯旋门，它是罗马建筑中比较特殊的一种形态，专为皇帝夸耀功绩之用。罗马城内君士坦丁凯旋门建于公元312年，是这类建筑的代表作之一（图1-5-36）。门总高20.63m、宽25m，比例和谐，气势雄壮。在宽厚的墙体上开着三个门洞，中间大两边小，八棵用整块石料凿成的科林

图1-5-35 加尔河高架输水道，法国

图1-5-36 君士坦丁凯旋门，意大利，罗马

斯柱式倚峙在券洞的前后两侧。拱顶墙正中墙面镂刻铭文，左右墙面是高浮雕，在每个科林斯柱的柱顶都立有圆雕人像。在其他部位包括凯旋门的侧面也装饰浮雕。这些雕刻使坚实厚重的建筑实体在雄壮中不失之于粗笨，具有丰富的表现力。整个凯旋门既是一座杰出的建筑，也是一件精美的雕刻艺术品。

在帝国时期，随着凯旋门、纪功柱这类军事征服纪念碑的大量兴建，记述历史事件的叙事性浮雕得到了一定的发展。建于2世纪初叶的图拉真纪功柱总长近200m的螺旋形浮雕饰带，以史诗般的气魄刻画了达西亚战争中罗马军团军事行动的始末。整个浮雕带共表现了150多个战争场面（图1-5-37）。

哈德良离宫是帝国皇帝哈德良使用的行宫，是西欧最早最大规模的园林建筑空间，位于罗马城东郊提沃利，占地18km²。从遗址上看。离宫处在两条狭窄的山谷之间，用

图1-5-37 图拉真纪功柱，意大利

地极不规则且地形起伏很大。离宫内除了宏伟的宫殿群之外，还建有大量的生活和娱乐设施，如图书馆、剧场、庙宇、浴室、竞技场、游泳池、画廊及其他附属建筑。这些建筑布局随意而没有明确的轴线，随山就势，变化十分丰富（图1-5-38～图1-5-41）。

离宫的中心部分为较规则的布局，园林部分则变化较多，既有规则式庭园、柱廊园，还有布置在建筑周围的花园，如图书馆花园，还有一些希腊式花园，如绘画柱廊园，以回廊和墙围合的矩形庭园，中央有水池。回廊采用双廊的形式，一面背阴，一面向阳，分别适于夏季和冬季使用。柱廊园北面还有花园，如有模仿希腊哲学家学园的阿卡德米花园（Academy Garden），园中点缀着大量的凉亭、花架、柱廊等，其上覆满了攀缘植物，柱廊或与雕塑结合，或柱子本身就是雕塑。

位于建筑群枢纽处的圆形水院是哈德良离宫中最动人的一处景观，即闻名的"海上剧院"，这是哈德良和皇后的住所。水院的外围是一圈由40根爱奥尼克石柱组成的向内开敞的环形柱廊，柱廊外侧的直径约44m、宽约4m，顶部用混凝土构筑。柱廊之内是一圈环绕中央小岛和宫殿的水池，宽4m。这一构思十分巧妙，水环的存在既可让环廊中的人看到岛上宫殿的景致，同时它也使小岛与外界保持着空间的距离。小岛直径约27m，以一个开敞的正方形小院为核心，将一系列矩形和弧形空间恰当地组织在整个圆形构图里。

另一个著名的景点就是在离宫南面的山谷中的"卡诺普"（Canopus），这是哈德良举行宴会的场所。卡诺普原是尼罗河三角洲的一个城市，那里有一座朝圣者云集的塞拉比（Serapis）神庙，朝圣者们常围着庙宇载歌载舞。"卡诺普"主体是一个长119m、宽18m的水池，水池周围环绕着罗马式的科林斯柱廊，以及四尊仿制的雅典厄瑞克提翁神庙中的女像柱，她们两侧是托着果篮的森林之神，他们经常出现在哈德良时代的墓葬建筑上，用在这里显然具有纪念意义。水池的另一端是一个仿效的埃及神庙里面原有的神

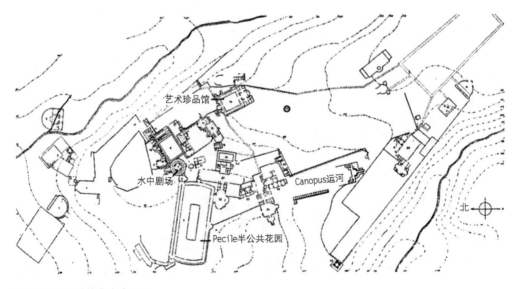

图1-5-38　哈德良离宫平面

图1-5-39　哈德良离宫，意大利

图1-5-40　哈德良离宫水上柱列　图1-5-41　哈德良离宫水上剧场

像，但整个建筑造型却是典型的罗马式的，上面覆着直径22m的混凝土半穹窿。

哈德良离宫遗址中至今还保存着运河，尽管水已干涸，但仍隐约可辨。整个离宫以水体统一全园，有溪、河、湖、池及喷泉等。哈德良离宫就是由哈德良皇帝本人规划的，把运河、池塘、喷泉、瀑布等自然环境与建筑的人工环境充分融合起来。

第二章 —— 中古时期的人居环境

第一节　早期基督与罗马式

一、早期基督时期

公元1世纪产生于地中海东岸巴勒斯坦的基督教是从犹太教中分化出来的，成为广大民众的精神寄托。早期的基督教徒聚集在私人宅第中做礼拜，因此那时无须建造任何专门的宗教场所。公元3世纪，基督教教义、礼拜仪式和组织变得更加确定了，而且逐步被罗马帝国统治者承认和利用，使其成为巩固自身统治的工具，基督教堂随之兴盛起来，成为传播神学的主要场所。

基督教堂和古代神庙有本质上的区别，古代神庙是供神居住的场所，其祭神仪式只在庙前进行，而基督教堂则需容纳众多的教徒来进行宗教礼拜活动。因此早期的基督教堂外部形象是相当朴素的，而室内空间不仅高大宽敞，而且装饰豪华，主要是由丰富的材料以及室内陈设品所构成，有大理石墙壁、镶嵌壁画马赛克地坪，以及从古罗马继承的华丽的柱式。

罗马早期的基督教堂是在拱顶结构的古代巴西利卡（Basilica）建筑基础上发展成一种长方形有祭坛的教堂形式。它的内部一般是三或五个长廊组成的空间，每个长廊中间用柱廊隔开，中间的主廊比两侧的宽阔而高深，并有高侧窗。长廊的一头是入口，另一头是横廊，横廊的正中半圆形为圣坛。罗马有许多巴西利卡式教堂，其中建于公元330年老圣彼得（Old Peter's）教堂就是一座典型的巴西利卡式。它也是一座五廊的空间，位于主廊大殿和半圆形圣坛之间的横廊超出整个教堂的宽度，并与教堂成半通透开敞空间，若干石柱将横廊与侧廊隔开，圣坛大拱门将横廊与主廊大殿隔开。教堂中最引人注目的焦点是横廊中部的圣龛，其上竖立着6棵螺旋形大理石圆柱，其中4根支撑着交叉固定的肋拱，一个皇冠形状的烛架从拱上悬挂下来。据说这是君士坦丁的礼物，整个教堂充分展示帝国的豪华与挥霍（图2-1-1、图2-1-2）。

主廊大殿通过位于屋顶下高高在上的一排高侧窗直接采光，其余光线是通过侧廊上的底层窗穿过柱列进入大殿。这座教堂在文艺复兴

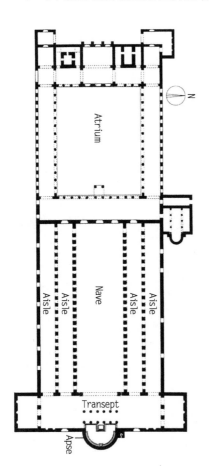

图2-1-1　老圣彼得教堂平面

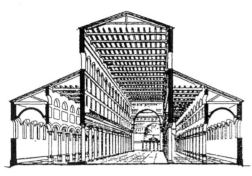 

图2-1-2　老圣彼得教堂复原图　　图2-1-3　圣阿波利奈尔教堂，意大利，拉文纳

时期被现存的建筑取代。另一座引人注目的巴西利卡式教堂是罗马城外的圣保罗（St. Paolo）教堂，其空间形式与老圣彼得教堂相似也是主廊两侧各有二组侧廊，但室内装饰内容比较丰富，最突出的是以基督教为内容的镶嵌壁画。无论是墙壁还是天花拱顶都充满与宗教思想内容相结合的镶嵌壁画。其中人物往往表现为正面严肃古板的形象，强调对称和平面构图。另外，还有一些诸如混合式柱头与科林斯式柱头等装饰细部。人在教堂里，从高侧窗射进来的微弱光线只能照到圣坛附近，室内大部分只靠颤动的烛光照在布满镶嵌画的墙壁和天花上与彩色闪耀的画面相辉映，就像进入一个眩目的幽灵世界，室内完全被这种神秘的气氛所笼罩，教徒们在这里只有虔诚地忏悔而无他念。

另外，位于拉文纳（Ravenna）的圣阿波利奈尔（S. Apollinare）教堂也是早期基督巴西利卡式教堂的典型代表（图2-1-3）。纵观这几座巴西利卡式教堂，它们的特点是内部空间高大，列柱具有均匀庄严的节奏感并形成强烈的导向性和向心感，使圣坛成为整个教堂的视觉中心。在装饰上由于使用色彩，故显得富丽而炫目，尤其是半圆形圣坛和拱门是用青蓝色或金黄色玻璃镶嵌装饰。

早期基督教堂这种以巴西利卡为蓝本的由一个主廊和两边侧廊组成的简单矩形布置形式对后来教堂空间影响是很深远的，文艺复兴以前，所有的大教堂都基于这种早期基督教堂的布局模式。

二、罗马式时期

罗马式（Romanesque）这个名称19世纪开始使用，含有"与古罗马设计相似"的意思，它是指西欧从11世纪晚期发展起来并成熟于12世纪的一种建筑样式。主要特点就是其结构来源于古罗马的建筑构造方式，即采用了典型罗马拱券结构。

罗马式教堂的空间形式是在早期基督教堂的基础上，再在两侧加上两翼形成十字形空间，且纵深长于横翼，两翼被称为袖廊。从平面上看这种空间造型象征基督受难的十字架，而且纵深末端的圣殿被称为奥室，在法文中为"枕头"的意思，因此这部分是被想象成钉在十字架上基督的头所枕之处。因为木构架极容易造成火灾，罗马式教堂在结构上由早期的木构架发展成石材拱顶。拱顶在这一时期主要有筒拱和十字交叉拱两种形

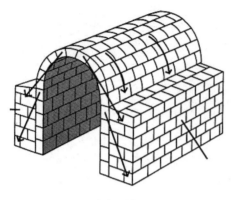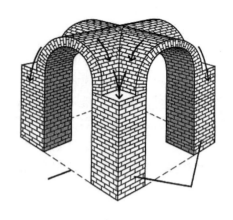

图2-1-4　筒拱和十字交叉拱

式，其中十字交叉拱首先从意大利北部开始推广，然后遍及西欧各地，成为罗马式的主要代表形式（图2-1-4）。

　　大殿和侧廊使用十字拱之后，自然就采用正方形的间，而且大殿的宽度为侧廊的两倍。于是，中厅和侧廊之间的一排支柱，就粗细大小相间，且大殿的侧立面也是一个大开间套着两个小开间。十字形的教堂，空间组合主次分明，内容和形式协调一致，十字交叉点往往成为整个空间艺术处理的重点，由于两个筒形拱顶相互成十字交叉，形成四个挑棚以及它们结合产生的四条具有抛物线效果的拱棱，这种结构造型给人以冷峻而优美的感觉。在它的下面有着供教士们主持仪式的华丽的圣坛。教堂立面由于支承拱顶的拱架券一直延伸下来，贴在支柱的四面形成集束，使教堂内部的垂直因素得到加强。这一时期的教堂空间向狭长和高直发展，狭长引向祭坛，高直引向天空，尤以高直发展强化了基督教的基本精神，给人以一种向上的力量。在早期基督时代开始兴起的朝圣促使各国交流频繁，从而促进罗马式风格的广泛传播。

　　11～12世纪是罗马式艺术在法国形成和逐步繁盛的时期。较为著名的教堂要数位于法国南部的图鲁兹（Toulouse）的圣塞南（St. Sernin）教堂，由于图鲁兹是朝圣路上较重要的一站，因此圣赛南教堂是一个典型的朝圣大教堂（图2-1-5～图2-1-7）。教堂的平面是一个经过强调的罗马十字形，重点放在东部的一端，目的在于使长方形的中堂和两翼袖廊能有较大的容量。中堂两侧有两道侧廊，靠墙的侧廊通过袖廊的两臂和半圆形后堂形成一个绕教堂一周的回廊。在袖廊和半圆形后堂都有凸出来的部分和回廊及半圆形后堂形成朝圣唱诗席。中堂的天花是筒形拱顶，由

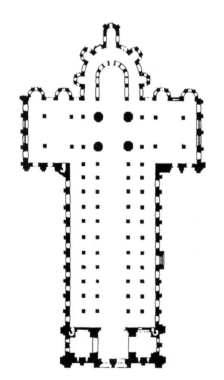

图2-1-5　圣塞南教堂平面

图2-1-6 圣赛南教堂，法国，图鲁兹　　　　　图2-1-7 圣赛南教堂室内

半圆柱支撑起来横跨中堂的拱门把筒形拱顶分成若干个秩序感很强的间隔，使观者的目光从一个间隔到另一个间隔有节奏地向前移动，从而形成一种重复而渐变的韵律感。这种朝着祭坛向前水平推进是罗马式教堂的一个主要特征。装饰和陈设也很丰富，吊灯、饰着珠宝的十字架、圣物箱、镀金的家具和彩色的雕塑等也为其增添了许多富丽的光彩。

　　比萨（Pisa）大教堂是意大利罗马式教堂建筑的典型代表。比起教堂本身来说，比萨斜塔的名气似乎更大一些。其实，它只是比萨大教堂的一个钟楼，因其倾斜的外形、历史上与伽利略的关系而名声大噪，并且历经多年，斜而不倒，被公认为世界建筑史上的奇迹。

　　比萨大教堂始建于1063年。教堂的平面在保持早期基督教堂形式的基础上，又有更复杂的变化，形成拉丁十字形布局，长95m，纵向四排68根科林斯式圆柱。十字交叉处高耸着椭圆形的穹顶，中厅两侧为排列整齐的连续拱廊，柱子是典型的科林斯柱式，教堂内部空间比例尺度亲切宜人，造型清晰明朗，既有早期基督教堂的特点，又有典型的罗马式风格特色，还融合了拜占庭建筑的某些手法，因此它是东西文化融合的艺术结晶。大教堂正立面高约32m，底层入口处有三扇大铜门，上面雕有圣母和耶稣生平事迹的各种塑像。大门上方是几层连列券柱廊，以带细长圆柱的精美拱圈为单元，逐层堆叠为长方形、梯形和三角形，布满整个大门正面。

　　教堂前方约60m处是一座圆形的洗礼堂，大教堂、洗礼堂、钟楼构成一个教堂建筑群。洗礼堂的直径为39m，总高为54m，圆顶上立有3.3m高的施洗约翰铜像。三座建筑物形体各异且相互呼应，和谐且富于变化。它们的造型母题都是用空券廊装饰，风格统一，而且外墙都是用红白相间的大理石砌成，色彩鲜明，具有独特的视觉效果，整个建筑群显得格外端庄、和谐、宁静（图2-1-8～图2-1-11）。

　　11世纪英国被法兰西的诺曼人所征服，从而加强了英国与欧洲大陆特别是法国的

图2-1-8　比萨大教堂建筑群，
意大利

图2-1-9　比萨大教堂

文化联系。此后英国罗马式建筑形成的进度也大大加快了。杜汉姆大教堂（Durham Cathedral）在英国罗马式教堂中占有特殊的地位，也是欧洲中世纪大型教堂之一。其中堂的间隔是由中间坚固巨大的拱门分隔成长方形，每个长方形拱顶是由肋架组成的两个十字拱。下面的墩柱与墩柱之间是带有折线纹和方格纹的圆柱，华丽而气派。杜汉姆大教堂被看作是罗马式建筑发展的高峰（图2-1-12～图2-1-14）。

　　在德国尽管罗马式建筑形成各种各样的地方学派，但在11世纪德国建筑仍相当保守

图2-1-10　比萨大教堂室内

图2-1-11　比萨大教堂局部

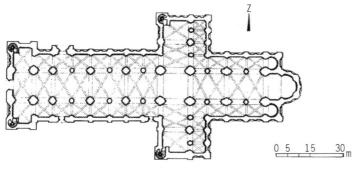

图2-1-12 杜汉姆大教堂平面

图2-1-13 杜汉姆大教堂，英国

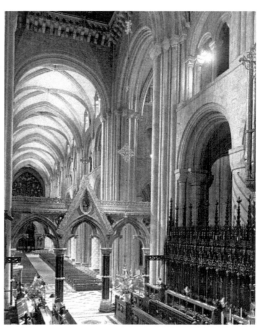

图2-1-14 杜汉姆大教堂室内，英国

并呈现相对落后的局面，其中莱茵学派的沃尔姆斯大教堂（Worms Cathedral）能比较全面地反映德国罗马式建筑的特点。它有着酷似城堡的几何形外观，其内部空间是接近于长方形的十字形布局，交叉部分是八角形屋顶，两翼的袖廊为典型的十字拱，四角各有一个旋转楼梯。教堂内部同外部一样具有庄严朴素的特点。

第二节 拜占庭

公元395年，罗马帝国分裂成东西两个帝国。东罗马帝国的版图是以巴尔干半岛为中心，包括小亚细亚、地中海东岸和非洲北部。建都黑海口上的君士坦丁堡得名为拜占庭帝国。拜占庭（Byzantine）的文化是由古罗马遗风、基督教和东方文化三部分组成的与西欧文化大相径庭的独特的文化，对以后的欧洲和亚洲一些国家和地区的建筑文化发展产生了很大的影响。

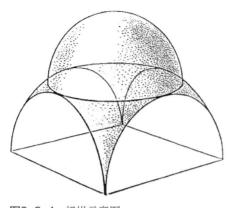

图2-2-1 帆拱示意图

拜占庭文化在建筑及内部设计上最大的成就表现在基督教堂上，这些教堂最初也是沿用巴西利卡的型制，但到公元5世纪，创建了一种新的建筑型制，即集中式型制。这种型制的特点是采用把穹顶支承在四个或更多的独立支柱上，并以帆拱作为中介的连接（图2-2-1），同时可以使成组的圆顶集合在一起，形成广阔而有变化的新型空间形象。这一结构比起古罗马的拱顶来是一个巨大的进步。

拜占庭建筑在内部装饰上也极具特点，平整的墙面往往铺贴彩色大理石，拱券和穹顶表面不便贴大理石，就用马赛克或粉画。马赛克是用半透明的小块彩色玻璃镶贴而成的，为保持大面积色调统一，在玻璃马赛克后面先铺一层底色，最初为蓝色，后来多为金箔作底，拼镶玻璃块往往有意略作不同方向的倾斜，造成闪烁的效果。粉画一般常用在规模较小的教堂，墙面抹灰处理之后由画师绘制一些宗教题材的彩色灰浆画。柱子与传统的希腊柱式不同，具有拜占庭独特的特点：柱头呈倒方锥形，并刻有植物或动物图案，一般常见的是忍冬草图案。

位于君士坦丁堡（Constantinople）的圣索菲亚（St. Sophia）大教堂可以说是拜占庭建筑最辉煌的代表，也是建筑室内设计史上的杰作（图2-2-2～图2-2-7）。教堂采取了穹隆顶巴西利卡式布局，东西77m，南北71.7m。中央大殿为椭圆形，即由一个正方形两端各加一个半圆组成，正方形的上方覆盖着高约15m、直径约33m的圆形穹隆，通过四边的帆拱，支承在四角的大柱墩上，柱墩与柱墩之间连以发券。中央穹隆距地近60m，南北两侧的空间透过柱廊与中央的大殿相连，东西两侧逐个缩小的半穹顶

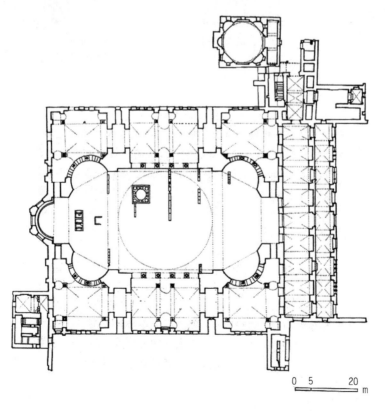

0 5   20
|—|—|———|
              m

图2-2-2 圣索菲亚大教堂平面

图2-2-3 圣索菲亚大教堂及蓝色清真寺，土耳其，伊斯坦布尔　　图2-2-4 圣索菲亚大教堂室内

图2-2-5 圣索菲亚大教堂室内天顶 图2-2-6 圣索菲亚大教堂室内局部

图2-2-7 圣
索菲亚大教堂
及周围环境

图2-2-8　蓝色清真寺，土耳其

造成步步扩大的空间层次，既和穹隆融为一体，又富有层次。在穹隆的底部有一圈密排着40个圆券窗洞凌空闪耀，使大穹隆显得轻巧透亮。由于这是大殿中唯一的光源，在幽暗之中形成一圈光晕，使穹隆仿佛悬浮在空中。另外，教堂内装饰也极为华丽，柱墩和墙面用彩色大理石贴面，并由白、绿黑、红等色组成图案、绚丽夺目。柱子与传统的希腊柱式不同，大多是深绿色的，也有深红色的，柱头都是贴着金箔的白色大理石，柱头、柱身和柱础的交接处都包有一环一环的金箍。穹隆和帆拱全部采用玻璃马赛克描绘出君王和圣徒的形象，闪闪发光，酷似一粒粒宝石。地面也用马赛克铺装。当光线由穹顶下边一个个小窗洞洒进幽暗的室内，景象斑斓而迷离。整个大殿室内空间高大宽敞，气势雄伟，金碧辉煌，充分体现出拜占庭帝国的雄浑气度。相比之下教堂的外观要谦逊得多，仅以普通的砖石砌成并涂以泥灰，没有大理石贴面，没有优美的柱廊和雕刻的门楣，因而教堂的主要成就在于它的内部空间。圣索菲亚教堂是延伸的复合空间，而非古罗马万神庙那种单一的、封闭型空间。它的成就不只在其建筑结构和内部的空间形象上，其细部装饰也对当时及后来的室内设计产生很大的影响。

圣索菲亚大教堂附近的蓝色清真寺也很著名，其建于公元17世纪。清真寺的大圆顶直径达27.5m，另外还有30个小圆顶，大圆小圆相互叠映，朴实而和谐。整座清真寺内部装饰着2万多块蓝色瓷砖，因此被称为"蓝色清真寺"（图2-2-8）。

位于拉文纳的圣维塔列（St. Vitale）教堂也是一座令人瞩目的教堂，并以其复杂而宏伟的内部设计而久负盛名。其外观也很简单，只是一个八面体建筑并以普通的垂直和水平线脚所分割。它是由圆形大殿及其围廊还有半圆室组成，大殿上方也是穹隆，被八个柱墩支承着，柱墩之间是两组连续券，而这种连续券平面却是弧形，从而达到了惊人的空间效果。当人们进入教堂，就立刻被大殿之外高耸的连续券所造成的广阔中央空间所吸引，从殿中心向外看去，连续券好像是处于柱墩和外墙之间的又一个支撑圈，从而扩大了室内的视域。柱墩的特殊造型也处理得很巧妙。墩向外墙的宽面被划分成三部分，而向大殿的窄面形成三角形的凹面，因而使人看不到墩的正面，不觉得是个柱墩。柱头是篮状的，上面刻着非常精细的透孔花纹。室内镶嵌是拜占庭艺术的代表，因此教堂大殿内及通向大殿过道的拱都布满了镶嵌画，多以明亮的绿色和金色做主调。其中半圆室穹顶描绘的是被圣徒、天使簇拥在中央的基督，金色的天空、绿色的草地闪烁着奇异的光彩。穹顶的下方是著名的《查士丁尼帝和皇后及随从》的镶嵌画，分两部分安置

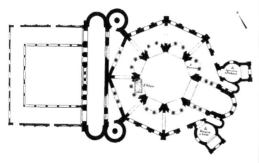

图2-2-9　圣维塔列教堂平面

图2-2-10　圣维塔列教堂，意大利，拉文纳

图2-2-11　圣维塔列教堂室内镶嵌画之一

图2-2-12　圣维塔列教堂室内镶嵌画之二

在半圆室的左壁和右壁，这两幅画描绘皇帝和皇后捧着供物进入教堂的场面，构图采用一条水平线，人物都正面排成一列，表情庄严冷漠，着重表现皇帝神圣的威严和一种超凡脱俗的非自然气氛（图2-2-9~图2-2-12）。

意大利曾是古罗马的中心，古代建筑遗迹很多，所以其文化艺术同古希腊罗马艺术传统有着内在的联系，如建筑的规模结构和装饰手法都遵循着原有的规律。在意大利艺术风格很不统一，东部主要受拜占庭影响较大，南部受伊斯兰文化影响较多。位于南部的威尼斯（Venice）与拜占庭有着密切的关系。圣马可大教堂（San Marco Cathedral）是中世纪最著名的一座。它位于著名的圣马可广场上，也是在一座烧毁的古老巴西利卡教堂的废墟上建造的。教堂布局呈等边十字形，顶部有五个穹隆，中央与前面的较大，直径为12.8m，其余三个较小。穹隆由柱墩通过帆拱所支承，整个室内空间以中央穹隆下部为中心，五个穹隆之间用筒形拱连接，相互穿

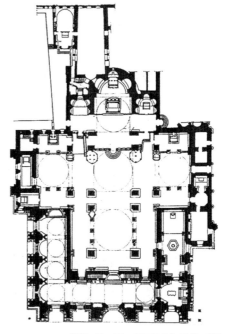

图2-2-13　圣马可大教堂平面

图2-2-14　圣马可大教堂，意大利，威尼斯

图2-2-15　圣马可大教堂局部

图2-2-16　圣马可大教堂室内

插，融成一体。内墙彩色理石贴面，拱顶及穹隆均饰有金底彩色镶嵌画，大堂气势宏伟，空间广阔而非其他罗马式空间所能比拟（图2-2-13～图2-2-16）。

俄罗斯人属于东斯拉夫人，大约在公元862年时在诺夫哥罗德（Novgorod）出现了第一个俄罗斯国家，882年首都迁至基辅。早期的俄罗斯人信奉的是原始的拜物教，980年，成为俄罗斯统治者的基辅大公弗拉基米尔（Vladimir）开始认真考虑适合国家的信仰问题。他派出了使者前往天主教、犹太教、伊斯兰教和东正教的国家进行考察，最后决定信仰君士坦丁堡的东正教。因此，公元10世纪拜占庭的东正教传人了俄罗斯，拜占庭的建筑形式和建筑技术也随之风行俄国，俄罗斯的建筑风格可以说是拜占庭的延续和发展。

1031年在基辅建造的圣索菲亚大教堂（Church of St. Sophia）是俄罗斯早期最大和最重要的教堂建筑。从外观上看，大大小小12个穹顶围绕中央穹顶形成逐渐升高的金字塔集中式造型。这座教堂后来经过较大的改造，穹顶上又被添加上一层形似洋葱头的穹顶造型和巴洛克风格的穹顶采光塔，墙面抹着白灰，映衬着中央金顶，显得既富贵又典雅（图2-2-17）。

拜占庭风格在俄国得到了持续发展，直到18世纪达到高潮，如圣彼得堡的基督复活大教堂（图2-2-18）、莫斯科克里姆林宫中的华西里·伯拉仁内大教堂（图2-2-19～图2-2-23），每一座建筑都蕴含着俄罗斯人无与伦比的智慧，是世界建筑史上不可多得的瑰丽杰作。

图2-2-17 圣索菲亚大教堂，乌克兰，基辅

图2-2-18 基督复活大教堂，俄罗斯，圣彼得堡 图2-2-19 华西里·伯拉仁内大教堂，俄罗斯，
莫斯科

图2-2-20　华西里·伯拉仁内大教 图2-2-21　克里姆林宫中的教堂，俄罗斯，莫斯科
堂局部，俄罗斯，莫斯科

图2-2-22　克里姆林宫圣母升天大教堂室内　　图2-2-23　克里姆林宫法西兹宫室
内，俄罗斯，莫斯科

第三节　哥特式

　　12世纪中叶，罗马式设计风格继续发展，产生了以法国为中心的哥特（Gothic）式建筑，然后很快遍及欧洲，13世纪到达全盛时期，15世纪随着文艺复兴的到来而衰落。

　　哥特式建筑是在罗马式基础上发展起来的，但其风格的形成首先取决于新的结构方式。罗马式风格虽然有了不少的进步，但是拱顶依然很厚重，使得中厅跨度不大，窗子狭小，室内封闭而狭窄。而哥特风格由十字拱演变成十字尖拱，并使尖拱成为带有肋拱的框架式，从而使顶部的厚度大大的减薄了（图2-3-1）。另外，在侧廊上方运用独立的飞券，使侧廊的拱顶不再负担中厅拱顶的侧推力。结构技术的进步，使空间形象产生了变化。哥特式的中厅高度比罗马式时期更高，一般是宽度的3倍，且在30m以上。柱头也逐渐消失，支柱就是骨架券的延伸。教堂内部裸露着近似框架式的结构，窗子占满了支柱之间的面积，支柱又由垂直线组成，肋骨嶙峋几乎没有墙面，雕刻、绘画没有了

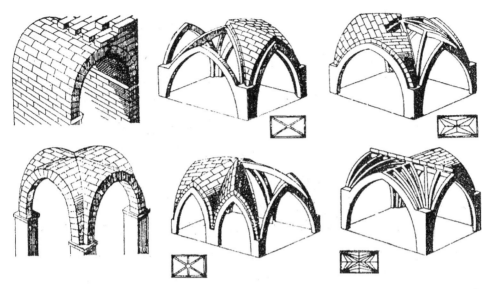

图2-3-1　十字尖拱示意图

依附，极其峻峭冷清。垂直形态从下至上，整个结构就像是从地下长出来的一样，产生急剧向上升腾的动势，从而使内部的视觉中心不集中在祭坛上，而是所有垂线引导着人的视线和心灵升向天国，从而也解决了空间向前和向上两个动势的矛盾。因此，哥特式风格的教堂空间设计同其外部形象一样，以具有强烈的向上动势为特征来体现宗教的神圣精神。

由于教堂墙面面积小窗子却很大，于是窗就成了重点装饰的地方。工匠们从拜占庭教堂的玻璃马赛克中得到启发，用彩色玻璃镶嵌在组成图案的铅条中而组成一幅幅图画，后来被称为玫瑰窗（rose window）。最初只有几种颜色并以蓝色为主，后来玻璃的颜色达到21种之多，并转变为更加富丽明亮的色调。阳光透过玻璃窗把教堂内渲染得缤纷夺目，营造出一种亦幻亦真天堂般的境界。

法国是哥特式建筑及室内设计风格的发源地，其中最令人瞩目的代表作就是巴黎圣母院（Notre Dame，Paris）。教堂位于流经巴黎的塞纳河中的西岱岛上，于1163～1320年建成，它属于早期哥特式最经典的建筑，也是欧洲建筑史上一个划时代的标志（图2-3-2）。其特点是具有整齐的建筑结构与宏伟朴实的形式。其正立面被壁柱纵向分隔为三部分，三条装饰带又将它横向划分为三部分，其中最下面有三个内凹的门洞。门洞上方是"国王廊"，上有二十八尊历代国王的雕塑。中间部分两侧为两个巨大的石质中棂窗子，中间是一个直径约10m的玫瑰花形大圆窗。中央供奉着圣母圣婴，两边立着天使的塑像，两侧是亚当和夏娃的塑像，空间结构严谨、庄严华丽（图2-3-3）。

教堂平面还可以算作是十字形的，只不过两翼突出甚微，而没有明显的袖廊，整个平面宽48m、长130m，可容纳近万人。四排纵向柱子将空间分为宽阔的中厅和较狭的两侧通廊，中厅高约35m，其末端是环形歌坛和圣坛，合唱台有双层回廊同侧廊相连接，

图2-3-2 巴黎圣母院，法国，巴黎

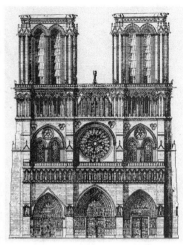

图2-3-3 巴黎圣母院正立面图

中厅立面首层为连续尖券置于仿科林斯柱式的粗壮圆柱上，圆柱向上又分出承壁柱直至屋顶，再支承六分尖拱顶的肋拱。二层每个开间里是一个尖券套着三个连续的小尖券。整个立面有种明显的上升趋势，而且所有造型都形体瘦长、轻巧精致，削弱了传统的墩实重量感而造成向上的动势，从而具有显著的哥特式风格特征。室内没有圆雕，只在圣坛的绕道中安置了一系列浮雕。教堂内闪闪发光的，好像宝石一样的彩色玻璃却占有重要的地位，它使整个空间形成一种恍惚的神幻境界（图2-3-4、图2-3-5）。

　　早期哥特式的另一座杰出的建筑是位于法国东北部作为法兰西国王加冕的兰斯大教堂（Reims Cathedral）。兰斯大教堂始建于公元5世纪，后来被烧毁，1211年在被烧毁的旧址上重建。兰斯大教堂建筑型制为双塔对峙，正面有一对高101m的钟塔。它的各

图2-3-4 巴黎圣母院内景

图2-3-5 巴黎圣母院及周围环境

个部位皆细长且向上发展，鲜明地垂直线脚，直立的壁柱也都布满了垂直线，强调出向上升腾的动感。其平面经过严格计算，达到近乎完美的左右对称，呈"T"形的十字形，分三列长廊，中厅宽14.6m、长138.5m、高38m，空间高狭、深远，环形殿处有五个半圆形神龛。立面的首层也为连续尖券，每个柱子上都竖起一束束作为辅助的半柱，二层每个开间都密集着四个连续尖券，第三层则是由两个尖券和一个圆玫瑰窗组成的高侧窗。由于大量采用垂直而脉络分明的束柱及支承大小尖券的半壁柱，从而抵销了三层高度所暗含的水平感。入口的内立面上下分别布置大小两个用石料镂空雕成的圆形玫瑰窗，其中下面的玫瑰

图2-3-6 兰斯大教堂，法国

窗是门廊的一部分，整个教堂室内形体匀称、装饰纤巧、工艺精湛，成为法国哥特式建筑及室内设计发展的顶峰（图2-3-6～图2-3-8）。

亚眠大教堂（Amiens Cathedral）是哥特式成熟期最后一座伟大的杰作。这座教堂在当时以其中央大厅而出名，它位于法国北部的中世纪名城亚眠。亚眠大教堂的中厅宽约

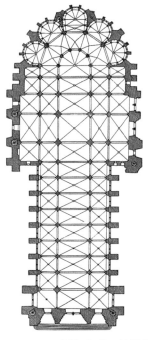

图2-3-7 兰斯大教堂平面

图2-3-8 兰斯大教堂室内

15m，高达42m，其不仅规模居法国哥特建筑之首，而且它将哥特建筑升腾向上寓意的宗教观念表达得淋漓尽致。柱子不再是厚重的墩柱，而完全成束柱，一束粗细不等的柱子的集合，通贯上下，直接承载着六分肋拱顶，形成一完整的骨架结构体系，给人一种峻峭挺拔，直刺苍穹的感觉。玻璃窗射入室内的色彩斑斓的光影增强了室内的宗教气氛，彩色玻璃窗镶嵌出的圣经故事，对于中世纪那些众多不识字的教徒来说也能看懂，因此被称作"傻子的圣经"。

亚眠大教堂的艺术成就更在于其精致壮美的外观雕刻。教堂西面有22位法国国王的雕像，国王群雕的上面为巨大的玫瑰花窗，这扇花窗是哥特火焰式的风格。国王雕像之下为8个尖拱窗，最底层三扇大拱门，其中正面雕刻装饰以基督为主题，除了"十二门徒"、"最后的审判"外，大门正中央有一尊著名的基督雕像。右边拱门则是以圣母为主题，左边的拱门则是以亚眠首任主教为主题。大教堂南面大门上还有一尊原为镀金雕饰的圣母像。亚眠大教堂从里至外都是精美的雕刻制品，林林总总，多达4000多座。这些雕刻生动地再现了圣经中的几百个故事，被称为"亚眠圣经"（图2-3-9～图2-3-12）。

沙特尔大教堂（Chartres Cathedral）也是法国最负盛名的教堂之一。它的立面双塔呈尖顶形

图2-3-9 亚眠大教堂，法国

图2-3-10 亚眠大教堂室内

图2-3-11 亚眠大教堂剖面图

图2-3-12　亚眠大教堂室内外局部立面

图2-3-13　沙特尔大教堂，法国

式，由于建造年代不同两座尖塔呈现不同的形象（图2-3-13～图2-3-16）。

　　坐落于法国西北部诺曼底半岛附近海湾里的"圣米歇尔山"被人们称誉为"西方奇迹"，在这个重岩叠石的岛屿上耸立着一座哥特式修道院及教堂。这座修道院建于1022年，是一座与巴黎圣母院同时代的著名建筑，也是欧洲哥特式建筑中最古老最杰出的建筑之一。圣米歇尔山距海岸约两公里，呈圆锥形，底部周长900m，山头高出海面78m。全岛岩石裸露，四周峭壁陡崖，涨潮时形成一座孤岛，退潮时岛陆相连，最大潮差可达14m，堪称自然奇观。教堂有3个门洞，门框上方刻有耶稣和圣母等人的雕像，又长又

北塔楼（尖塔属哥特后期，约1507年增建）

南塔楼（尖塔属12世纪）
北耳堂（1260年前完成，耳堂及本堂木构顶于1836年火灾中毁坏，以后为现存金属构架及外覆铜皮的屋面代替）

西门廊为1194年火灾前遗构

本堂1194年后改建

图2-3-14　沙特尔大教堂复原图

图2-3-15　沙特尔大教堂室内

图2-3-16　沙特尔大教堂玫瑰窗

大的窗户距离地面很高，上面镶着带有图案的玻璃，墙壁上嵌着许多宗教内容的壁画和浮雕（图2-3-17、图2-3-18）。

12世纪70年代后，英国也进入了哥特式时期，法国教堂的高狭紧凑和向上升腾的趋势在英国变成一种拉长、降低水平伸展的形式，不强调垂直性，却多在拱券上、墩柱上使用复合线脚，还采用大量成簇的附柱。

英国韦尔斯大教堂（Wells）的内部结构处理上表现出极为大胆的尝试。在十字形交叉处的每一个跨距中，都有一个特大的尖券，在尖券的顶端又对应着一个倒尖券，在这两个尖券中嵌着一对石环。这一立面的几何形式简洁生动，极为独特醒目。整个结构是技术与艺术的大胆结合，

图2-3-17　圣米歇尔山，法国，诺曼底半岛

图2-3-18 圣米歇尔山修道院

成为中世纪欧洲教堂内部空间独一无二的杰作（图2-3-19）。索尔兹伯里大教堂（Salisbury Cathedral）是英国著名的天主教堂，始建于1220年，属于早期哥特式建筑，拥有英国最高的塔顶、尖顶和最大的教堂回廊（图2-3-20、图2-3-21）。另一座五室加冕的伦敦威斯敏斯特大教堂（Westminster Cathedral）也是英国哥特式成熟期的经典之作（图2-3-22）。

　　哥特式教堂在德国要比在法国发展晚一些，直到12世纪末还墨守着与罗马帝国时期关系密切的罗马式风格。不过德国的哥特式建筑艺术具有其独特的风格，建于1248年的科隆大教堂（Cologne Cathedral）是当时德国最宏伟的工程，也是受法国影响最明显的例子，主要是模仿亚眠大教堂设计的。而它的特点是特别高狭，以5：2的比例高出侧廊之

图2-3-19 韦尔斯大教堂，英国

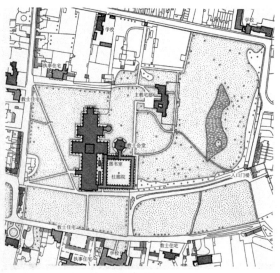

图2-3-20　索尔兹伯里大教堂，英国　　　图2-3-21　索尔兹伯里大教堂总平面图

图2-3-22　威斯敏斯特大教堂，英国，伦敦

上，成为所有哥特式教堂空间最高的一座。它的双塔是世界上最高的教堂塔，其中北塔高159m，南塔高157m，它们宛如两把利剑直插蓝天，气势非凡。两塔的塔尖各有一尊紫铜铸成的圣母像，圣母双手高举着小耶稣，圣母和耶稣均呈十字架状，造型优美，形象生动。在教堂四周还林立着无数座小尖塔，如众星拱月般簇拥着两座主塔。其平面仍是十字形，长143m、宽84m，中厅宽12.6m，高达46m，成束的细柱在中厅两侧拔地而起，直达尖尖的拱顶，没有任何横断的线脚及柱头打破它那直挺的垂线。在束柱朝向中厅的一侧缀着一尊尊颀长清瘦的圣徒雕像，它们在尺度上反衬出空间的巨大和高耸。整个教堂的设计充分体现了设计师对哥特精神的透彻理解

和对空间及结构的丰富想象力（图2-3-23）。

另外，这一时期城市设计、世俗建筑和园林也受哥特式教堂风格的影响，形成典型的中世纪风格特征（图2-3-24～图2-3-26）。

图2-3-23 科隆大教堂，德国

图2-3-24 中世纪城镇

图2-3-25 雅克科尔住宅，法国

图2-3-26 中世纪庭园

第四节 伊斯兰

公元6世纪末，由阿拉伯的穆罕默德（Muhammad）创立了伊斯兰教并逐步扩大其势力，8世纪在西亚、北非，甚至远至地中海西岸的西班牙等地都建立了政教合一的阿拉伯帝国。虽然9世纪阿拉伯帝国逐步解体，但是由于许多新兴王朝政治进步经济繁荣，以及宗教信仰的强大力量，伊斯兰文化艺术一直稳定地向前发展。一致的伊斯兰信仰决定这些国家文化艺术具有相似的形式和内容，并在继承古波斯的传统上，吸取希腊、罗马、拜占庭甚至东方的中国和印度的艺术，创造出世界上独一无二、光辉灿烂的伊斯兰文化。

建筑是伊斯兰文化的主要代表，尽管各个国家地区的风格不尽相同，但伊斯兰建筑及环境设计都有它基本的形式。伊斯兰宗教建筑的主要代表是清真寺，宫殿、驿馆、浴室等世俗建筑的类型也较多，但留存下来的却很少。早期的清真寺主要也采用巴西利卡式，分主廊和侧廊，只不过圣龛朝向必须设在圣地麦加的方向。在10世纪出现的集中式清真寺，除保持巴西利卡的传统外，主殿的正中辟为一间正方形大厅，上面架以大穹顶，内部的后墙仍然是朝向麦加方向的圣龛和传教者的讲经坛。

位于耶路撒冷（Jerusalem）的圣岩寺（The Dome of the Rock）是存留下来最古老的伊斯兰教建筑之一。圣岩寺建于7世纪末期，建筑为集中式八角形平面布局，寺内金碧辉煌。中央为穹顶，直径20.6m，顶高35.3m，穹顶上部是一环环密集而繁复的图案以及装饰化了的古兰经文。穹顶的下部是20个带彩绘玻璃的拱窗。与穹顶对应的下面是穆罕默德"凳霄"时用的圣岩，岩石南北长17.7m，东西阔13.5m，面向礼拜者的正面低矮，最高处距地面1.5m。岩上有脚趾印痕，相传为阿拉伯人祖先伊斯梅尔所留。周围环有两重回廊，其中第一层环廊是被支承穹顶的四个柱敦分成的四组连续拱廊，每一拱券以及柱墩都是红白黑相间的几何图案，柱子是深绿色酷似爱奥尼柱式的大理石圆柱，柱头贴着金箔。整个内部空间无论是空间布局、结构分布还是立面造型都体现出一种简洁有力的几何美感（图2-4-1～图2-4-4）。

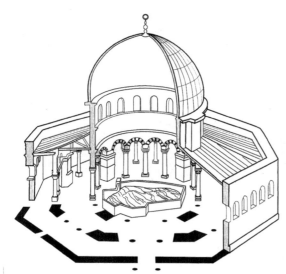

图2-4-1 圣岩寺示意图

图2-4-2 圣岩寺，耶路撒冷

图2-4-3 圣岩寺室内（左）

图2-4-4 圣岩寺室内穹顶（右）

8世纪初阿拉伯人占领了伊比利亚半岛，从而对西班牙建筑产生强烈的影响。其中科尔多瓦（Cordoba）大清真寺最能体现伊斯兰建筑设计的光辉成就，从9世纪到10世纪，该寺曾三次扩建。其风格基本与其他伊斯兰世界一样，但又融入了西班牙的某些地方特色，同时也借鉴北非建筑的一些手法。大殿东西长126m，南北宽112m，有柱18排，每排36根，共648根，密如森林，相互掩映，柱为罗马古典式，柱间近3m，柱高3m，木制天花板高9.8m。柱头和天花板之间重叠着两层马蹄形拱券，都用红砖和白色大理石交替砌筑，以削弱多柱的单调。圣龛前面是国王做礼拜的地方，也是大殿的核心部分，发券尤为精美复杂，花瓣形拱券多层重叠，非常华丽，有很强的装饰性。圣龛的穹顶是以八个肋架券交叉构成，灵巧轻快，结构精美，装饰图案瑰丽华美，是伊斯兰精确的几何学成就和装饰艺术的完美体现。整个大殿空间幽寂深远，光影扑朔迷离，产生出一种强烈神秘的宗教气氛（图2-4-5～图2-4-10）。

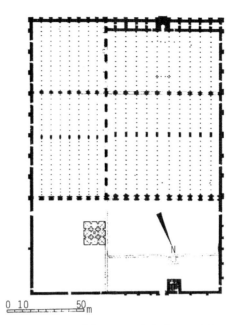

图2-4-5 科尔多瓦大清真寺平面

图2-4-6 科尔多瓦大清真寺室内大殿，西班牙

图2-4-7　科尔多瓦大清真寺室内列柱，西班牙　图2-4-8　科尔多瓦大清真寺圣龛穹顶

图2-4-9　科尔多
瓦大清真寺圣龛前厅
（左）

图2-4-10　科尔
多瓦大清真寺圣龛
（右）

　　坐落于西班牙格兰纳达（Granada）一个地势比较险要山顶上的阿尔罕布拉宫（Alhambra）也是一座优秀的伊斯兰建筑文化的代表。阿尔罕布拉宫始建于13世纪，后经不同时期的修筑和扩建，成为宏伟、华丽的宫殿。

　　整个宫殿的平面是以两个相互垂直的长方形院子和周围的建筑所组成（图2-4-11）。南北向的称为桃金娘院（Court of the Myrtle Trees），东西向的称为狮子院（Court of Lions）。

　　桃金娘院最大的特点就是有个长方形大水池。水池长45m、宽24m，中央用大理石铺砌而成。静静的池水映着两侧的桃金娘树篱、典雅的柱廊与精巧细致的拱门（图2-4-12、图2-4-13）。南北两厢有许多圆柱构成的走廊，柱子上全是精美的图案，手工极为精细。这里还有以雕刻的彩色天花板和拱形窗户著称的正殿。正殿呈正方形，是皇帝召见大使举行仪式之处，室内装饰色彩绚丽，以蓝色为主要色调，并辅以金黄和红色。墙壁是由金银丝镶嵌成精巧细腻的几何图案，色彩艳丽，并摹仿伊朗的玻璃贴面效果，正殿中间有高22.9m的圆顶。

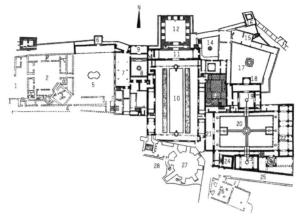

图2-4-11　阿尔罕布拉宫，西班牙，格兰纳达

在阿尔罕布拉宫，水体成为重要角色。在阿拉伯文化中水是生命的象征。这些来自内华达山的雪水，流遍整个阿尔罕布拉宫，在精确的计算下喷出神奇的水柱，也注满了大小水池。水成为整个阿尔罕布拉宫的灵魂。

狮子院是后妃们的生活区，是个长方形宫苑，长28m、宽16m。位于狮子院中心的狮子泉，是个雕有12头白色大理石狮子的水池，造型雄劲有力。庭院四周是由124根细长柱拱券廊围成，其柱有三种类型，即单柱、双柱和三柱组合式。尤以券廊引人注目，纤细的理石柱子排列得比较自由，上端的木制发券极富层次，而且柱头、拱券表面布满精雕细刻、华丽细密的石膏雕饰。狮子院体现了阿尔罕布拉宫纤丽华贵、精美绝伦的装饰（图2-4-14～图2-4-17）。

图2-4-12　阿尔罕布拉宫桃金娘院

图2-4-13　阿尔罕布拉宫桃金娘院

图2-4-14　阿尔罕布拉宫狮子院

图2-4-15　阿尔罕布拉宫狮子院

图2-4-16　阿尔罕布拉宫花园

图2-4-17　阿尔罕布拉宫花园

另外，伊斯坦布尔的苏莱马尼耶清真寺（Suleymaniye Mosque）和伊斯法罕的卢特富拉清真寺（Sheikh Lutfallah，Mosque）都代表了伊斯兰教建筑装饰艺术的精华（图2-4-18～图2-4-20）。

突出室内整体装饰效果是伊斯兰艺术的一个重要特征。其主要分为两大类：一类是多种花式的拱券和与之相适应的各式穹顶。拱券的形式有双圆心的尖券、马蹄形券、海扇形券、复叶形券、叠层复叶形券等，它们在装饰中具有强烈的装饰效果。如复叶形券和海扇形券都很华丽，在叠层时具有蓬勃升腾的热烈气势。一类是内墙装饰，往往采用不同的手法的大面积表面装饰，如在抹

图2-4-18　苏莱马尼耶清真寺，土耳其，伊斯坦布尔

图2-4-19　卢特富拉清真寺室内，土耳其，伊斯法罕

图2-4-20　卢特富拉清真寺室内穹顶

灰墙面上作粉画，在较厚的灰浆层上趁湿模印图案或用砖直接砌出图案花纹，具有很强的立体感和肌理效果。在清真寺的经坛、隔板和围栏中均雕以精美的木雕，有时壁龛也用木雕，住宅中的门、窗也往往是木雕的，另外也有石膏板、大理石的雕花和透雕。

　　装饰图案是伊斯兰建筑室内中大量使用的装饰语言。早期受拜占庭影响的题材比较自由，但后来教规严禁描绘人物、动物形象，从而逐步被其他图案所取代。伊斯兰世界地域广阔，不同地区和民族的图案样式也不尽相同，但一般而言装饰图案可分为三种：一种是以曲线为基础的图案，源于藤蔓的曲线，以波浪或涡卷形为主要特征；第二种是以直线为基础的几何形图案，装饰中的几何形图案，反复连续排列千变万化，并富于视觉美感；第三种是花体书法，它是以阿拉伯字母为基础进行变化，用字母的笔画组成富有节奏和韵律的图案（图2-4-21～图2-4-23）。

　　伊斯兰建筑不仅重视装饰艺术，而且在室内陈设上也有很高的追求。伊斯兰纺织

工艺发达，早在古波斯时期就有传统的纺织工艺，以"东方地毯"闻名于世的地毯和土耳其地毯就已有一千多年的历史。纺织品在穆斯林室内装饰中占有重要的位置，清真寺宫殿以及住宅除地面铺满了精致的地毯，墙壁也悬挂着华丽的挂毯。人们还大量使用锦缎制作帷幕挂饰和坐垫，其中丝织拜垫是宗教生活中非常重要的东西，因为虔诚的穆斯林教徒每天要祈祷五次，拜

图2-4-21　沙阿贾汗清真寺室内

垫面积不大，仅供一个人使用，但编织却异常考究，其间有块长方形的部位是祈祷者前额触及之处。

　　从13世纪开始，印度的伊斯兰势力强大起来，尤其是到了16世纪，印度的中部和北部受伊斯兰影响非常大。泰姬陵就是印度这一时期一座无与伦比的经典建筑。

　　泰姬陵位于亚穆纳河畔，是印度莫卧儿王朝帝王沙阿贾汗为纪念爱妃泰姬·马哈尔所造。泰姬陵始建于1632年，到1653年才完工，历时22年之久。陵园长580m、宽305m，占地17hm²。四周为红砂石围墙，中间是一个美丽的正方形花园，花园中间是一个大理石水池，水池尽头是陵墓。陵墓主体建筑用洁白的大理石砌成，陵墓建在高7m的大理石基座上，陵墓中央覆盖着一个直径达17m的穹窿，高耸而又饱满，穹窿顶高62m，四面各有33m高的巨大拱门，四角有四座高约41m的尖塔。陵墓墙壁上刻有可兰经和精致图案，图案中的花瓣枝叶用不同颜色的宝石砌成。整个陵墓在清澈的水池中形成无比圣

图2-4-22　劳特法兰清真寺室内，伊朗　　图2-4-23　国王寺院的墙面，伊朗

洁的倒影。陵墓的平台是红砂石，与白色大理石陵墓形成鲜明的色调对比。室内的中央则摆放了他们的石棺，庄严肃穆。

泰姬陵的前面是一条清澄水池，水池两旁种植有果树和柏树，分别象征生命和死亡。陵墓两侧的配套建筑为清真寺，式样完全相同。墓穴为地下穹形宫殿，白色大理石墙上镶嵌着宝石。泰姬陵瑰丽宏伟，纯净和谐，充满梦幻般的神奇风貌。尤其当凌晨或傍晚时观赏泰姬陵更加的纯洁清丽、高雅静穆（图2-4-24～图2-4-26）。

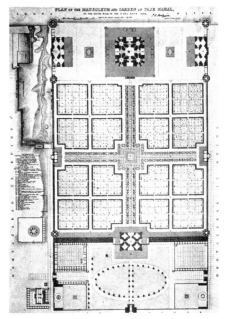

图2-4-24　泰姬陵平面

图2-4-25　泰姬陵，印度

图2-4-26　泰姬陵，印度

第五节　中国、日本及东南亚

一、中国

1. 三国、两晋、南北朝时期

从东汉末年到三国鼎立，再到两晋和南北朝近三百年的对峙，一直到公元581年隋文帝统一中国，这段时期是中国历史上长期处于分裂状态的一个阶段。这个时期的建筑，在继承秦汉以来成就的基础上吸收融化外来文化的影响，逐渐形成一个较完整的建筑体系。

图2-5-1 敦煌莫高窟，中国，甘肃

自汉代开始传入佛教以来，佛教建筑逐渐成为一种主要的建筑类型。尤其是南北朝时期，石窟寺极为盛行。中国石窟艺术源于印度，印度传统的石窟造像仍以石雕为主，而中国因岩质不适雕刻，故造像以泥塑壁画为主。整个洞窟一般前为圆塑，而后逐渐淡化为高塑、影塑、壁塑，最后则以壁画为背景，把塑、画两种艺术融为一体。

敦煌莫高窟是一座有1600余年历史的举世闻名的佛教艺术宝库。

莫高窟，俗称千佛洞，位于甘肃省敦煌城东南25km的鸣沙山，是中国著名的三大石窟之一。莫高窟开凿在鸣沙山东麓断崖上，南北长约1600多米，上下排列五层，高低错落有致，鳞次栉比，异常壮观。

莫高窟创建于前秦建元二年（公元366年），相传有沙门乐尊者行至此处，见鸣沙山上金光万道，状有千佛，于是萌发开凿之心，后历建不断，遂成佛门圣地。迄今保存北魏、西魏、北周、隋、唐、五代、宋、西夏和元各代历时一千多年的洞窟735个，其中有壁画和彩塑的洞窟492个，共有壁画45000m²，彩塑2400余身，唐宋木构窟檐5座。莫高窟的艺术是融建筑、彩塑、壁画为一体的综合艺术，它是目前世界规模最宏大、内容最丰富、艺术最精湛、保存最完整的佛教石窟寺之一（图2-5-1～图2-5-5）。

云冈石窟距今已有1500多年的历史，它开凿于北魏年间。现存的云冈石窟群分为

图2-5-2 敦煌莫高窟室内彩塑

图2-5-3 敦煌莫高窟室内

图2-5-4　敦煌莫高窟壁画

图2-5-5　敦煌莫高窟壁画

东、中、西三部分，东西绵延约1km。现存主要洞窟53个，小龛1100余个，大小造像51000余尊。整个石窟群规模宏大，雕刻精细，也是中国古代三大石窟之一。石窟内的佛龛似蜂窝密布，大、中、小窟疏密有致地嵌贴在云冈半山腰。东部的石窟以造塔为主，故又称塔洞，中部石窟每个都分前后两室，主佛居中，洞壁及洞顶布满浮雕，西部石窟以中小窟为最多。

整座石窟以其气魄宏大、内容丰富、雕工细腻的石刻造像著称于世。窟中最大的佛像高达17m，最小的佛像高仅几cm，各种造像神态各异、生动活泼，栩栩如生。云冈石窟的雕刻艺术继承了秦汉时代的艺术成就，同时吸收了外来艺术的精华，形成了自己独特的艺术风格，它对后来的隋唐时代雕刻艺术产生了深远的影响，在中国艺术史上占有重要的地位（图2-5-6～图2-5-8）。

图2-5-6　云冈石窟，中国，山西

图2-5-7　云冈石窟佛像局部　　　　　　　图2-5-8　云冈石窟中的坐佛

　　此外，龙门石窟也非常著名（图2-5-9～图2-5-11）。

　　中国建塔是从佛教传入开始的，南北朝时期以来的历代王朝，建塔工程一直没有间断，并有创造性的发展。嵩岳寺塔位于河南洛阳嵩山南麓，建造于北魏正光四年（公元523年），为中国现存最古老的地面建筑，其平面为十二边形。这座15层密檐式砖塔高41m、塔身分为高基的底层和15层密檐两部分，塔基下建有地宫。塔身底层又可分为上下两段。下段表面素平，四面开通券门，上段转角处为砖砌出八角形倚柱，采用方墩柱础、束莲柱头。壁面除4个券门外，每面砌有"阿育王塔"的形象作为塔身的装饰。砖塔第2层以上，塔身逐层缩短，每面开一个小窗，各层都用砖叠涩出檐，第15层以上置

图2-5-9　龙门石窟，中国，河南　　　　　图2-5-10　龙门石窟中的佛像，中国，河南

图2-5-11 龙门石窟佛像局部

图2-5-12 嵩岳寺塔，中国，河南

塔刹，相轮7层以收顶部。全塔外表涂白灰，外型轮廓具有刚柔结合的线条，给人一种轻快秀丽的感觉。嵩岳寺塔的结构、造型和装饰是古代砖塔建筑的一种开创性的尝试（图2-5-12）。

这一时期宫殿建筑由于年代久远没有现存。根据留传下来的绘画、墓葬明器以及文字资料显示。这一时期的住宅总体上还是继续传统的院落式木构建筑形式，但更注意与自然的联系，这可能是来自园林的影响。到隋唐时期住宅有明文规定的宅第制度，贵族的宅邸在两座主要房屋之间用带有直棂窗的回廊连接为四合院，布局多有明显的轴线和左右对称。从三国到隋代统一，朝代不断更迭，无疑也促进了民族大融合，室内装饰与陈设也发生了很多变化。席地而坐的习惯虽未完全改变，但传统家具有了不少新发展，如床已增高，人们既可以坐在床上，又可以垂足坐于床沿，上部还加了床顶，周围设置了可拆卸的矮屏。东汉末年西北民族进入中原以后，逐渐传入了各种形式的高坐具，如椅子、圆凳等。

2. 隋唐五代时期

隋朝统一中国结束了长期战乱和分裂的局面，直至唐朝成为一个长治久安稳定的国家，为社会经济文化的繁荣昌盛提供了条件，隋唐是中国历史上最为辉煌的时代，中国传统建筑的技术与艺术在这三百多年间达到了巅峰。

隋朝结束了中国南北长期分裂的局面，饱经战乱的国家在隋文帝的治理下迅速繁荣起来。隋炀帝即位后便大兴土木，虽是劳民伤财的事情，但大运河的开凿又促进了南北文化的融合，大量建筑实践也推动了建筑技术和艺术的发展，因此隋代建筑取得了突出成就。隋代建筑追求雄伟壮丽的风格，都城规划严谨，分区合理，其规模在一千余年间始终为世界城市之最。在技术上，隋代建筑取得了很大进步，木构件的标准化程度极高，建筑规模空前。

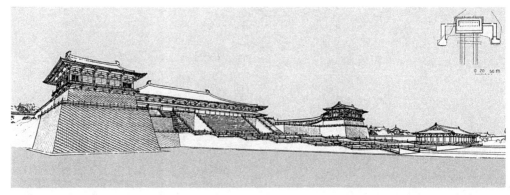

图2-5-13　大明宫，中国，西安

　　唐朝初期，太宗李世民吸取隋炀帝的教训，兴建宫室的数量和规模都很有限。经过贞观之治，唐朝成为当时世界上最富强的国家，至开元、天宝年间，其建筑形成了一种独具特色的盛唐风格，建筑艺术达到了空前的高度。唐代建筑最大的技术成就是斗拱的完善和木构架体系的成熟。

　　这时期宫殿、园林继续高度发展，公元634年开始在长安城外东北的龙首山上建造的唐代大明宫，其中正殿含元殿非常宏伟壮观，充分反映了大唐盛世的建筑艺术水平。含元殿东西宽十一间，南北进深四间，确有如日之升的豪壮，开阔而明朗，是充满自信心的大唐盛世时代精神的体现（图2-5-13、图2-5-14）。南半部为宫廷区，北半部为苑林区也就是大内御苑，呈典型的宫苑分置的格局。苑林区地势较低，龙首之势至此降为平地，中央为大水池"太液池"。太液池遗址的面积约1.6hm^2，池中蓬莱山耸立，山顶建亭，山上遍植花木，尤以桃花最盛。苑林区是多功能的园林，除了一般的殿堂和游憩建筑之外，还有佛寺、道观、浴室、暖房、讲堂、学舍等等。

　　隋唐时期的皇家园林集中在长安和洛阳，两京以外的地方也有建置，其数量之多，规模之宏大，远远超过魏晋南北朝时期。隋唐的皇家园居生活多样化，相应地大内御苑、行宫御苑、离宫御苑这三种类别的区分就比较明显，它们各自的规划布局特点也比较突出。

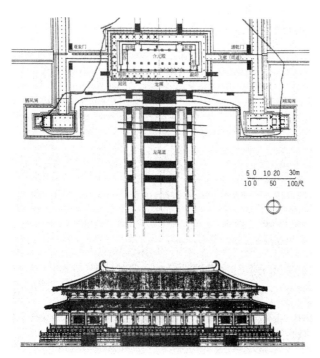

图2-5-14　大明宫含元殿平、立面图

这时期除大明宫外，在唐长安城的东面，还有兴庆宫，内有龙池，池东小山上有沉香亭，是唐玄宗与杨贵妃经常去游玩的地方。但隋、唐以前，私家园林还未独立成类，只是在住宅中的附属空间，即宅园。另外盛唐之世，政局稳定，经济、文化繁荣，呈现为历史上空前的太平盛世和安定局面，民间普遍追求园林享受的乐趣，在一些经济、文化比较发达的地方私家园林也有发展。

隋唐时期，以上层贵族逐渐形成垂足而坐的习惯，长凳、扶手椅、靠背椅以及与椅凳相适应的长桌、方桌也陆续出现，直至唐末的各种家具类型已基本齐备。室内的屏风一般附有木座，通常置于室内后部的中央，成为人们起居活动和家具布置的背景，进而室内空间处理和各种装饰开始发生变化，与席地而坐的方式已迥然不同了。

自汉代开始传入佛教以来，佛教建筑逐渐也成为一个主要的建筑类型。到了隋唐时期，佛寺遍布中国各地，但至今大多已毁坏，流传下来的唐代佛寺殿堂较为完整的只有两处，即山西五台山的南禅寺正殿和佛光寺正殿。南禅寺正殿建于公元782年，是山区中一座较小的佛殿。正殿平面每边三开间，接近于正方形，屋顶为单檐歇山式。整个建筑具有屋顶坡度平缓、出檐深远、檐口曲线柔和、斗拱比例较大等唐代早期建筑的形象特征。正向居中一间较宽，没有内柱，中央台座供奉佛陀坐像，两旁还有16尊其他塑像。南禅寺是中国目前现存建筑年代最早的木构建筑（图2-5-15）。

佛光寺正殿是当时五台山"十大寺"之一，也是佛教建筑中水平较高的一座，大殿造型雄浑古朴，在结构和艺术方面也表现出高度的统一。正殿面阔七间34m，进深四间近18m，面向正面的中央五间比最边间略宽，开间比例近似方形，柱子有明显的侧脚、升起和收分，檐口曲线柔和。室内核心空间较高，加上柱间的墙壁和佛坛，更突出了它的重要地位。上面方格状的天花四周有倾斜的椽条，天花下坦露梁架，这些梁架既是结构的必需构件，又是体现结构美和划分空间的重要手段。梁上木构件之间为空档，空间在其间得以"流通"，空灵而通透。雄壮的梁架和天花的密集方格形成粗细和重量感的对比。外围的空间较低较窄，是核心空间的衬托，在空间形象上也取得对比。梁架和天

图2-5-15 南禅寺正殿，中国，山西

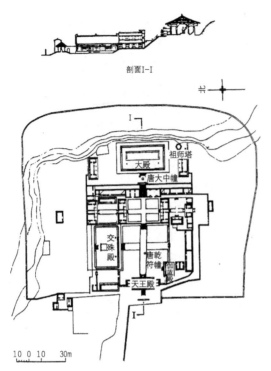

剖面I-I

图2-5-16 佛光寺总剖平面图，中国山西

花的处理手法一气呵成，有很强的整体感和秩序感。所有的大小空间在水平和垂直方向都力避完全的隔绝，尤其是复杂交织的梁架使空间的上界面朦胧含蓄，绝无僵滞之感。正殿内的佛坛上供奉着佛及菩萨塑像30余尊。可以看出，唐代建筑匠师已具有高度的艺术审美能力和精湛的空间处理技巧（图2-5-16～图2-5-18）。

著名的乐山大佛位于岷江、青衣江、大渡河三水合汇流处，依凌云山栖霞峰临江峭壁断崖凿造而成，为弥勒坐像。佛像开凿于唐玄宗开元初年（公元713年），是海通和尚为减杀水势，普度众生而发起召集人力、物力修凿的，大佛历时90年完成。大佛为天然崖石凿成

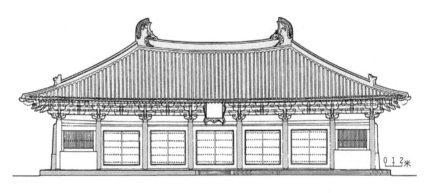

图2-5-17 佛光寺正殿立面图（上）

图2-5-18 佛光寺正殿结构图（下）

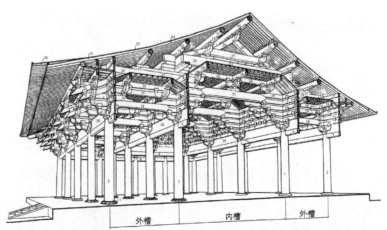

1.柱础 2.檐柱 3.内槽柱 4.阑额 5.栌斗 6.华栱 7.泥道栱 8.柱头枋 9.下昂 10.要头 11.令栱 12.瓜子栱 13.慢栱 14.罗汉枋 15.替木 16.平棊枋 17.压槽枋 18.明乳栿 19.半驼峰 20.素枋 21.四椽明栿 22.驼峰 23.平棊 24.草乳栿 25.缴背 26.四椽草栿 27.平梁 28.托脚 29.叉手 30.脊枋 31.上平槫 32.中平槫 33.下平槫 34.椽 35.檐椽 36.飞子（复原）37.望板 38.拱眼壁 39.牛脊枋 40.撩风

的一尊弥勒坐像，其头与山齐、脚踏江水。大佛体态匀称，神情肃穆，雍容大度、气魄雄伟。大佛通高71m，是世界最大的石刻弥勒佛大佛。被诗人誉为"山是一尊佛，佛是一座山"，大佛左侧，沿"洞天"下去就是凌云栈道的始端，全长近500m，右侧是九曲栈道。沿大佛左侧的凌云栈道可直接到达大佛的底部。坐像右侧有一条九曲古栈道。栈道沿着佛像的右侧绝壁开凿而成，曲折奇陡。大佛头部的右后方是建于唐代的凌云寺，即俗称的大佛寺。寺内有天王殿、大雄殿和藏经楼三大建筑群（图2-5-19）。

唐代建筑所表现出的盛唐时期建筑意匠的旺盛创造力，显示出一种高昂挺拔、磅礴伟岸的时代精神。其内部空间同外观形象一样，塑造出厚重雄浑的风格，其形象虽有汉朝质朴的痕迹，但却透出一种圆熟的古朴和凝重，而不是单纯的粗放，既充满大气又不乏细腻。雄浑厚重的建筑风格和异彩纷呈的石窟造像无疑是隋唐文化的表征。

唐代佛教兴旺，砖石佛塔的兴建非常流行，中国地面砖石建筑技术和艺术因此得以迅速发展。留存至今的隋、唐、五代时期的佛塔原物比建筑多。隋代所建的山东济南附近的历城神通寺塔，是一座单层的方形塔，塔顶用大量的叠涩，较似印度佛教建筑风格。此塔平面方形，四面设圆拱门，所以称为四门塔。这座佛塔造型简洁，建筑风格雄伟。

图2-5-19 乐山大佛，中国，四川

大雁塔位于陕西西安，建于唐高宗永徽三年（公元652年），因坐落在慈恩寺，故又名慈恩寺塔。此塔平面正方形，底层每边长24m，共七层，高64m，呈方形角锥状。塔身为青砖砌成，各层壁面作柱枋、栏额等仿木结构，每层四面都有券砌拱门。这种楼阁式砖塔，造型简洁、气势雄伟是佛教建筑艺术的杰作。大雁塔底层南门两侧镶嵌着唐代著名书法家褚遂良书写的两块石碑。一块是《大唐三藏圣教序》，另一块是唐高宗撰《大唐三藏圣教序记》。碑侧蔓草花纹图案优美，造型生动，这些都是研究唐代书法、绘画、雕刻艺术的重要文物（图2-5-20）。

小雁塔即荐福寺塔，位于西安南端。此塔建于唐中宗景龙年间（公元707～709年）是藏经之塔。小雁塔平面亦为正方形，其高43.3m，底边长11.38m，高与底边的比例是1：0.26，皆比大雁塔小，故称小雁塔。建塔时为15层，现13层，砖砌密檐式，中空，有木楼层。寺内有佛殿、佛塔、金像、壁画。各层南北两面均开有半圆形拱门。小雁塔的特点是塔形玲珑秀丽，塔壁不设柱额，每层砖砌出檐。塔身宽度自下而上逐渐递减，愈上愈促，整个轮廓呈抛物线状，形态优美，比例匀称（图2-5-21）。

大理三塔，又名崇圣寺三塔，屹立于云南大理古城西北角的应乐峰下，三塔建于南诏丰佑年间（公元823～公元859年），大塔先建，南北两塔后建，是中国现存塔最高之一，其风格是典型的唐代塔风格。现存主塔高69.13m，为16级方形密檐式空心砖塔，除叠涩外，整个塔身白灰抹面，每层四面有龛，相对两龛供佛像，另两龛为窗洞，相邻两层窗洞方向交替错开，以利于塔内采光通风。南北两塔均高43m，为10级密檐式八角形砖塔，外观装饰成楼阁式，转角有柱，檐下有浮雕联窗等，顶端有镏金塔刹宝顶（图2-5-22）。

图2-5-20 大雁塔，中国，西安　　　　　　图2-5-21 小雁塔，中国，西安

图2-5-22 崇圣寺三塔，中国，云南

3. 宋、辽、金、元时期

在宋朝宗教建筑除佛寺外，祠庙也是一个主要类型。祠庙是古代宗族祭祀祖先的地方，有宗祠、家祠、先贤祠等。被视为宋式建筑代表作的山西太原晋祠，就是现存规模最大的一座。晋祠的主殿圣母殿建成于1032年，位于晋祠中轴线上，坐西朝东，殿面阔七间，进深六间，平面近方形。殿内梁架用减柱做法，所以内部空间宽敞。相传为晋侯始祖之母的圣母塑像位于殿内龛中，庄重威严，两边38尊泥塑侍女和千尊男像，刻画得生动活泼，再现了现实生活中的人情。殿的正面有八根木雕蟠龙柱，雕工精美，栩栩如生（图2-5-23～图2-5-26）。

图2-5-23 太原晋祠，中国，山西

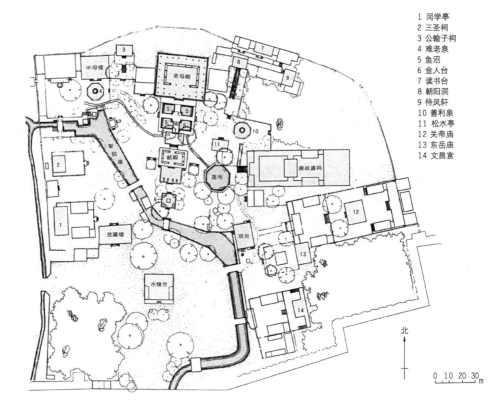

1　同学亭
2　三圣祠
3　公输子祠
4　难老泉
5　鱼沼
6　金人台
7　读书台
8　朝阳洞
9　待凤轩
10　善利泉
11　松水亭
12　关帝庙
13　东岳庙
14　文昌宫

北

0　10　20　30
　　　　　　　m

图2-5-24　太原晋祠总平面图

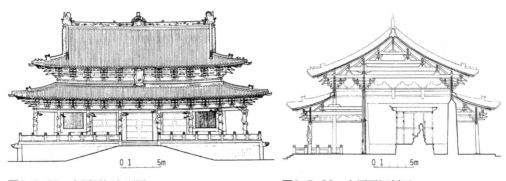

0　1　　　5m

图2-5-25　太原晋祠立面图

0　1　　5m

图2-5-26　太原晋祠剖面

　　天津蓟县独乐寺（Dule Temple）是辽代的佛寺建筑，建于公元984年。其中观音阁结构精巧技艺超群，在中国木构建筑构造上享有很高的地位。观音阁外观两层，结构实为三层，因为中间一层是夹层。阁内有高达16m通高三层的观音塑像，形态端庄生动，是现存中国古代最大的塑像。内部空间特点是中空，周围上部绕两层栏杆，下层平面是长方形，上层收小后成为长六角形，在塑像头顶的上方是更小的八角形藻井（图2-5-27～图2-5-29）。

　　山西芮城永乐宫是元代著名道观建筑，重建于1262年，主体为三进院落，在中轴线上布置无极门、三清殿、纯阳殿和重阳殿。三大殿中以三清殿为最大，其顶部天花、藻井和内檐装修相当考究，藻井均用繁密精致的斗拱攒聚而成，顶板上雕蟠龙是元代小

图2-5-27 独乐寺，中国，天津

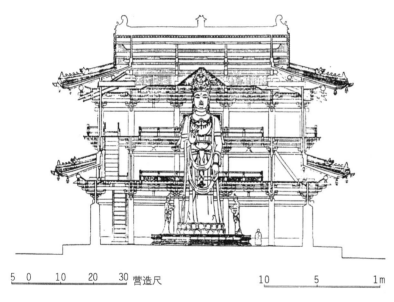

5　0　　10　　20　　30　营造尺　　　　　　10　　　5　　　1m

图2-5-28 独乐寺剖立面图

木作精品。殿中内檐彩画非常精美，图案章法灵活自由，斗拱上也使用彩画，以花瓣为主，颜色以青绿为主。同另外二殿室内一样，三清殿内也绘有道教题材的壁画，名为《朝元图》是现存规模最宏伟、题材最丰富的元代壁画，画中人物形态生动，色彩和谐，技法和构图都达到很高的水平，在美术史上占有极为重要的地位（图2-5-30）。

　　华严寺位于山西大同市西部，为辽代皇家寺院，是现存辽金时期最大的佛殿之一。华严寺分上下二寺，其中上寺大雄宝殿建于金天眷三年（公元1140年），面阔九间，进深五间，建筑面积1560m²，檐高9.5m，庑殿矗立在4m余高的台上。殿内采用减柱作法，减少内柱十二根，扩大了前部空间面积，便于布列佛像和进行参佛活动。殿内有五方佛和二十诸天等明代塑像，外观庄重，气势雄伟，是现存最大的辽金佛殿之一。下寺建于

图2-5-29 独乐
寺室内（左）

图2-5-30 永乐
宫室内壁画，中
国，山西（右）

辽重熙七年（公元1038年）的薄迦教藏殿，以殿内精美壁藏及佛像著称，壁藏以三十八间小型建筑的形式，沿大殿四周墙壁排列，并带有天宫楼阁，三十一尊塑像容貌丰满，体态端庄，两者均为上乘之作（图2-5-31）。

宋朝的住宅，一般外建门屋，内部仍采取四合院形式。贵族的住宅继续沿用汉代以来前堂后寝的制式，但在接待宾客和日常起居的厅堂与后部卧室之间，用穿廊连成丁字形、工字形或王字形平面。到宋朝时，终于完全改变了商周以来的跪坐习惯，相关床

图2-5-31 华严寺室内，中国，山西

榻、桌椅等家具在民间已十分普遍，同时还衍化出诸如圆或方形的高几、琴桌、小炕桌等品种。随着起坐方式的改变，家具也相应地增高了。

宋代的建筑，包括许多较大的殿堂，都不作吊顶而是将梁架暴露在外，以表现梁架的结构美。这种做法在《营造法式》中被称为"彻上露明造"。也有做吊顶者，被称为天花。其虽然遮挡了梁架，但能使空间显得更加整齐和完美。宋代

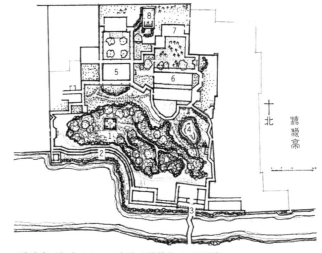

1沧浪亭 2复廊 3入口 4水池 5明道堂 6五百明贤
7翠玲珑 8看山楼

图2-5-32　沧浪亭平面图

藻井则多为"斗八"，即将方形的四角抹斜，形成八角，再在上面支架八棱，收成八角攒尖。尽管元代建筑尤其是宫殿有尚大的一面，但一些建筑的细部和构件仍继承了宋代建筑小巧、精致和典雅的气质，如斗拱、立柱、屋宇与柱础等。

北宋的皇家园林也很发达。都城汴梁有后苑、延福宫、艮岳等，其中艮岳最为著名。艮岳位于都城之东北，这座大型皇家园林后来在战争中已消失殆尽。根据其基址考古研究和有关的文献资料分析，其中山石最有特征，系搜集自全国各地的名石堆筑而成。据传这些名石后来在金代被运往金中都（即今北京）造园。

这一时期私家园林才逐渐独立而兴盛。现存的苏州园林中以沧浪亭历史最为悠久。该园始建于北宋庆历五年（公元1045年），园林占地1.1hm²，布局开敞自然，巧于因借，通过复廊，将园外景色纳入园景，是苏州园林中唯一未入园先得景的佳作。园内以山为主，山上古木参天，极富山林野趣。园中假山与池水之间，隔着一条向内凹曲的复廊，蜿蜒曲折，既将临池而建的亭榭连成一片，又可通过复廊上一百余图形各异的漏窗向两面观景，使园内外的山景相映成趣，自然融为一体，此可谓借景的典范。廊壁置花窗多扇，透过漏窗花格，既沟通了内山外水，也使水池、长廊、假山自然地融合为一体。沧浪亭花窗样式颇多，据说全园有108式，分布在园内各条走廊上。全园景色简洁古朴，不以工巧取胜，而以自然为美（图2-5-32、图2-5-33）。

建于元代的狮子林也颇负盛名。其坐落于苏州东北，始建于元代至正二年（公元1342年）。狮子林既有苏州

图2-5-33　沧浪亭，中国，苏州

古典园林亭、台、楼、阁、厅、堂、轩、廊之人文景观，更以湖山奇石、洞壑深邃而盛名于世，素有"假山王国"之美誉。全园结构合理，布局得当，南部多山石，西北多水面，东部多建筑，长廊四面贯通，高下曲折，层次丰富（图2-5-34）。

　　狮子林的假山叠石，群峰起伏、气势不凡、怪石林立、洞壑宛转、玲珑剔透。假山群共有九条路线，21个洞口。横向极尽迂回曲折，竖向力求回环起伏。当人步入连绵不断、变化无穷的石洞中，犹如身处八卦阵，左右盘旋、高低曲折，时而登峰巅，时而沉落谷底，或平缓，或险隘，给人带来一种恍惚迷离的神秘趣味。狮子林的建筑大都保留了元代风格，为元代园林代表作。主厅燕誉堂，结构精美，陈设华丽，是典型的鸳鸯厅形式；指柏轩，南对假山，下临小池，古柏苍劲，如置画中；园内四周长廊萦绕，花墙漏窗变化繁复，名家书法碑帖条石珍品70余方。依山傍水有指柏轩、真趣亭、问梅阁、石舫、卧云室等（图2-5-35）。

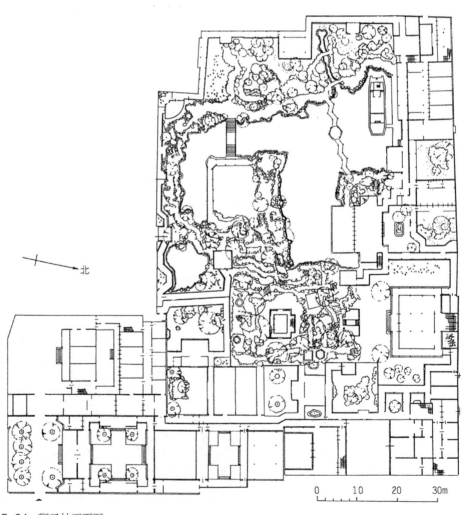

北

0　　　10　　　20　　　30m

　　图2-5-34　狮子林平面图

宋元时期的砖石建筑仍然以塔为主。在建筑风格方面，这一时期的砖石塔更倾向于装饰华丽，塔身往往布置有精美的雕刻艺术品，仿木构的精细程度也远高于唐代。在结构方面，宋元的砖塔更多使用了套筒结构，并与拱券技术相结合，使塔的坚固性与稳定性大大提高。另外砖木混合塔的出现改变了塔的造型。

图2-5-35 狮子林假山叠石

位于杭州钱塘江畔月轮山上的六和塔是中国砖木结构建筑的佼佼者。塔为北宋时（公元970年）吴越王钱弘俶为镇江潮而建，取佛教"六和敬"之义，命名为六和塔，"六合"就是"天地四方"的意思。现存砖构塔身系南宋绍兴二十三年（公元1153年）重建，现塔高59.89m，耸立在平面为八角形的塔基上，外观共13层，内分七层，每层中心都有小室，砖构塔身的柱子和斗拱等均仿木构建筑形式。每层廊子两侧都有壶门，内通小室，外通檐廊。塔内所有须弥座上，刻有砖雕飞天、花卉、鸟兽等图案（图2-5-36）。

北京天宁寺塔建于辽代末年（公元1100～1120年）是北京现存最古老、最高的古代地面建筑，曾经明代重修，为砖砌八角13层密檐塔，高57.8m，是辽代密檐塔的代表作品。塔基高出地面1m，塔下部为须弥座，中部塔身四面设券门、门旁浮雕金刚力士、菩萨、云龙等。塔形雄浑秀丽，塔身雕刻精美绝伦，细部十分繁复细密，基座特别复杂，塔身也精确地砌出了各种仿木构件，充满佛教造像浮雕，展现了很高的建筑艺术水平（图2-5-37）。

图2-5-36 六和塔，中国，杭州（左）

图2-5-37 天宁寺塔，中国，北京（右）

　　宋代的建筑风格打破了完全对称的单调格局而更加多样化，其建筑造型趋于秀丽纤巧。从北宋画家张择端的《清明上河图》中可以看到，从农村草舍到城市瓦房等多种形式。庭院建筑中堂与寝之间常用廊屋相连，构成"工"字形或"王"字形的平面布局。前堂与后寝都有耳房，廊外有偏房，堂有庭院。这种布局与后来的北京四合院较为接近。在住宅内外植树，筑构园林形成宋代住宅建筑的基本特点。宋代大量出现的是开启灵活、棂条组合丰富经过艺术处理的门窗，既完善了建筑外部的风貌也改善了室内的采光、通风条件。

　　宋元时期，中国建筑大致实现了从雄浑磅礴向秀逸典雅的转化。如果说唐代建筑多具阳刚之气，那么宋代建筑变化便趋向于阴柔，由于推崇理性与伦理的理学，这种建筑的所谓"阴柔"就显得颇有条理。在文化史上，宋是一个重"理"、轻"欲"的时代。热情渐渐消退，而思想趋于成熟，其社会思想文化走向内省化和内圣化，也使人的道德行为更为循规蹈矩，时代意绪比唐代冷静而成熟。因此总体来看，宋元时期，尤其宋代建筑及其内部空间最大的特点是讲规矩和秩序，形象也更加精致和典雅。

　　随着经济的繁荣，城市规划与设计方面也发展很快，北宋年间，东京（开封）经过不断重建其规模大大超过前代（图2-5-38）。东京分为外城、内城、皇城。外城垣周围长五十余里，有城门十三座，南、东、西面各三门，北面四门。因四条运河贯通，另设

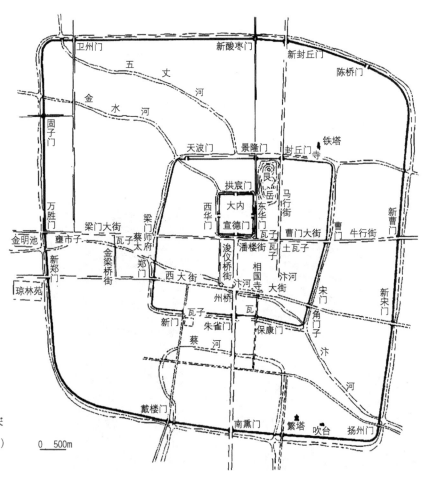

图2-5-38　宋
东京（开封）
城复原平面图

0　　500m

有水门七座。城外有护城河，称护龙河，宽十余丈，沿河种植杨柳。内城在东京城的中部，略偏于西北，城垣周长二十余里，设有十座城门。皇城又称宫城，城垣周长五里，设有六座门。

宋代建筑专家李诫编著的《营造法式》是继《考工记》之后又一部伟大的建筑著作，这本书纲目清晰，详尽系统地记述自汉唐以来有关建筑结构方法、规范、要领、施工用料等并长久地影响着后世。

二、日本

日本自古就同中国有着密切的文化交流关系，它们的古代建筑同中国建筑有共同的特点，由于交流的关系始终不断，到中国的唐朝达到顶峰，而此后的吸收在规模上和组织上都远远不及，所以日本的建筑保存着比较浓厚的中国唐代设计风格特征。日本传统的建筑及环境设计的特点是与自然保持协调关系并和环境浑然一体，因此，木材是日本建筑的基本材料，木架草顶下部架空也就成了日本建筑的传统形式。六世纪以后，随着中国文化的影响和佛教的传入，建筑类型和型制更加多样化。

日本的建筑大致可分为三个阶段：早期（6世纪到12世纪）即飞鸟、奈良和平安时代；12世纪末到16世纪中叶即镰仓、室町时代；16世纪中叶到19世纪，即桃山、江户时代。

早在6世纪以前，日本信奉自然神、氏族祖先和英烈人物的建筑物被称作为神社。神社的正殿是长方的或是方形的木墙板空间，下部架空、双坡木架草顶在室内形成了接近锥形的空间，正中往往有一个中心柱，最为著名的是伊势神宫，正殿内部空间简洁明朗，木构件都是素木的而没有施任何雕饰，纹理清晰，色泽柔和温暖；而且木构件之间的结合点也都简单明了，但交接关系精到，所谓寓巧于朴。

神社是崇奉神道教各种神灵的社屋。6世纪中叶佛教传入日本后，神道教仍然不衰。神社遍布日本全国，是日本宗教建筑中最古老的类型。位于日本三重县的伊势神宫是日本古代神社中最有代表性的一个，神社建筑坐落在海滨的密林中，其环境很有神秘之感。此神社分内外两个宫，都用木柱、木板围起来，平面呈长方形，居内宫中心的正殿虽不大但形式精致，为木构架、悬山式草屋顶。正脊上横向安置一列腰鼓形结构，称为"坚鱼木"，脊的两端各有一对高高挑起、交叉着的方木，称为"千木"。坚鱼木和千木是古式神社的重要特征性构件。神宫正殿草顶和板墙形成一个十分深厚，有体积感的形态，在屋脊处把结构强调出来成为装饰，也反映出日本民族的个性和文化特征。正殿造型简洁明确，形式秩序感强。木构件一律用本色，木纹清晰。柱、梁、檩、椽结构关系合理而明晰，给人坚实有力的感觉。正殿之后设东西一对宝殿，造型与正殿相似，但缩小且没有平台。伊势神宫神社创建于平安末期（12世纪），每隔20年必须重新建造，形式不变，但建筑如新（图2-5-39）。

严岛神社始建于公元811年前后，位于风光秀美的日本广岛县境内岛屿—— 严岛，是岛上的一座神社，主要祭奉日本古代传说中的三位海洋女守护神。严岛神社位于面朝西北的海湾处，背后是峰峦叠翠的弥山，前面是一望无际的大海，壮观而秀美。神社由鸟居、正殿、配殿、币殿、祀殿、回廊、五重塔、千叠阁、能乐舞台组成。神社正殿呈长方形，长约24m、宽12m，殿堂涂朱丹色，雕有金色饰物，是"神佛融合"有代表的建筑模式之一。正殿前面有拜殿及舞台等，形成一个自西北向东南的中轴线。在轴线东南海面延长线上，即距离神社正殿200m的海上，是立于海中的被称为"日本三景"之一的"大鸟居"（日式牌楼）。鸟居呈鲜红色，高达16m，建于1875年，神社建造得比它早得多。神社所在的整个海岛，被人们视为"圣地"。

严岛神社是日本最优美的神社之一，古老而宏伟。神社20多个社殿建筑以一条长达270m的朱红色回廊作为连接，雕梁画栋，华丽优雅。建筑依山傍水，视野辽阔，建筑与自然环境完美融合（图2-5-40～图2-5-42）。

佛教于6世纪传到日本后，中国唐朝的佛寺建筑开始在日本广泛流行。日本的建筑

图2-5-39 伊势神宫，日本，三重

图2-5-40 严岛神社，日本

图2-5-41 严岛神社大鸟居，日本

图2-5-42 严岛神社

图2-5-43 法隆寺，日本，奈良

图2-5-44 法隆寺五重塔

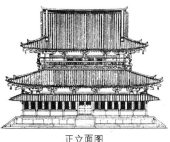

正立面图

侧立面图

图2-5-45 法隆寺大殿立面图

开始进入一个新的历史阶段。奈良的法隆寺是7世纪初年建造的重要庙宇。其平面采用大殿即金堂、佛塔分列于中央左右两侧的布局方式，这种形式在中国现存寺庙中没有。主体部分是南大门之后的一个回廊围成的方形院子，南面回廊正中是中门。进入中门，院子里便是金堂和塔，分别在中轴线的东西两侧，为均衡式构图。钟楼和经楼在北回廊之外。金堂外观两层，其中首层面阔五间、进深四间，采用内外廊布局，外部另设回廊，上层面阔与进深各缩减一间，其开间与下层错开，呈面阔四间、进深三间形式。顶覆歇山顶，出檐宽阔，二层檐柱在底层金柱之上，建筑造型收腰很大，强调稳定性。寺塔为五重塔是法隆寺中另一座标志性的建筑，总高32.45m。塔内有中心柱，自下而上贯穿全塔是楼阁式塔早期构造形式的体现。同金堂相仿，塔的出檐很大，依层递减，显得安定而飘逸（图2-5-43～图2-5-45）。

佛寺的平面到平安时代开始采用邸宅寝殿造型制，一正两厢，用廊子连接，地面架空，四周出平台。板障和门都是画着四方净土风光的一扇一扇从天花到地面的推拉门，在装饰上充满了贵重材料的点缀，花巧而繁复。建于1053年的京都平等院凤凰堂（Hoodo Phoenix Hall，Byodoin Temple）是日本佛寺建筑中最为杰出且最具有民族特色的代表，其室内装饰也尤为富丽，集中了当时工艺的精华。正中阿弥陀佛身后的板障上画着极乐净土图，楼阁之中端坐着佛和菩萨，其余墙面和门上也画着有关净土的图画。

图2-5-46　平等院凤凰堂，日本，京都

梁、枋、斗拱等木构件上满画程式化的植物图案，什彩叠晕、鲜明浑厚。姿态优雅的佛和菩萨徜徉在繁花密叶中。方形的藻井四周悬挂透雕的木板，花纹饱满流动，遍涂金漆，形成华盖，藻井正中，一朵大团花，全由透雕花叶组成，也漆成金色，接引着阿弥陀佛升腾的背光。藻井的地子漆深褐色、嵌螺钿。佛像的须弥座也嵌螺钿。木构架和门窗扉的结点、须弥座在华盖上等等都有玲珑剔透的镀金铜具，门铺首和梁底的镜面都是铜饰并镀金（图2-5-46）。

另外，轮王寺也是个十分华丽的建筑，其内部尤其富有特色（图2-5-47）。

日本庭院空间艺术最早源于宫殿建筑和神社、佛寺建筑的需要，后来开始逐渐走向民间，形成一门独立的空间艺术，并不断吸收融汇其他艺术的精髓，成为具丰富内涵的庭院艺术。

作为岛国的日本有着长长的海岸线，内海外海相连，河流纵横交错，因此气候温和、湿润，大部分土地覆盖着茂密的森林，这种自然环境，孕育出日本最早的庭院艺术。庭院艺术发展始于平安时代，延历十三年（公元794年）建都平安京，京都的山明水秀风光旖旎，给庭园的发展提供了大量自然的资源，诸如树木、池泽、涌泉以及变化丰富的地势等，创造了以自然景观为对象的造园条件，写意造景成为造园艺术精神的主流。平安时代前期的皇家及住宅多利用起伏的山坡、曲折的河流以及涌动的泉水为素材。

早在平安时代就出现"枯山水"的称

　图2-5-47　轮王寺室内

谓，所谓"枯山水"即"在没有池没有水的地方"，安置石头以造成"枯山水"。枯山水所代表的自然是生活中自然的浓缩与精炼，欣赏者需要进入禅宗的意念，依靠内省去领悟才能体会。所以，日本的内庭和历史名园中，采用枯山水手法的较多。

枯山水着重"抑"和"静"，如果仅停留在现实原型来欣赏枯山水，则无法进入枯山水所设定的艺术境界，而只能就眼前所见作视觉评价。枯山水是"取山水之意象，取枯痕之造形，用历史的痕迹，引片断地联想。枯，虽表现得苍老古翠，已失去青春之活力，留下的只是记忆的痕迹和历史的绉皱，但它却代表一种去除冗繁的干练，舍去了易变易腐的躯壳，表现一种精纯的特性，故有幽、玄、枯、淡之品格。"（引自：刘永德等著《建筑外环境设计》）

到室町时代枯山水成为庭园的象征和主流，建造庭园不造池水，而是通过石头、砂、苔藓作为基本素材，充分发挥其象征性而构筑，充分发挥石头的形状、色泽、硬度、纹理以及其个性特点，以获得抽象化的象征性形象。在江户时代，日本主要的贵族住宅庭园也沿袭"枯淡闲寂"的审美情趣来建造庭园。最具代表性的是京都桂离宫的庭园，它是以"至简至素"为其造园的主导思想（图2-5-48）。

桂离宫（Katsura lmperial Palace）东西长266m，南北324m，占地面积达5.6万m²。桂离宫是八条宫智仁亲王和其子智忠亲王两代人的别墅。它以书院造为基础融合草庵风茶室元素并结合多种风格而设计。桂离宫规划布局组合自由，具有非对称的美感。首先，在中央区开辟了具有心形轮廓线的水池，其中置大小五个中岛。岛上分别有土桥、木桥和石桥横在荡漾的碧水上通向岸边，桥上也种满青绿嫣红的花草。岸边小路曲曲折折地伸向四面八方，给人以"曲径通幽"之感。池畔屹立着古书院、中书院、御幸御殿、月波楼、松琴亭、赏花亭、园林堂、笑意轩等建筑。池周边配置若干茶亭通过路径连接，

图2-5-48　日本传统"枯山水"

路与周围的地形相吻合，有垒石路、飞石路、砂石路、土路以及石桥、板桥、土桥等不同构造的路和桥，同时还巧妙地立石组、栽树木，以达到一种象征深山、幽谷、大海、田园风光的共融一体的造园效果。

其次，主体建筑在湖的西岸，另外三栋书院造的房子曲折连缀在一起，根据不同的建筑形式和功能，营造与之相应的不同形式的大小庭园，依次是古书院、中书院和新御殿，中书院和新御殿之间夹有一栋乐器间。松琴亭、笑意轩、月波楼等茶室也散落在湖畔，这些建筑各异其趣，彼此相辅相成，使整个建筑群自由地融汇结合，但各个建筑又具不同样式，保持各自的艺术独立性和不同的功能性。

桂离宫的建筑平易而亲切，少有刻意矫饰的痕迹。造型惯用简洁的水平或垂直的几何形。所有的木构件，包括结构的和装饰的都精工细作。架空地面很高，一方面调整地势，另一方面也防止潮湿及洪水的侵袭，这与西方古典建筑做法相异。屋面草葺而成，自然清新、草香淡雅。建筑物为框架结构，内外墙板活动且能够自由滑动，可成多种空间变化，并使内外空间融为一体，建筑与自然联系沟通，室内可以借到外部的风景，具有较大的开放性和灵活性。

继茶室之后又出现了田舍风的住宅，称为数寄屋。数寄屋平面布局规整而讲究实用，少了些造作的野趣，因此更显得自然平易，装饰上则惯于将木质构件涂成黑色并在障壁上画一些水墨画。桂离宫建筑可看作是最具典型性的数寄屋风格。

桂离宫庭园最具特色的部分全部由人工建造，园林设计体现了自然、生命之间和谐的原则。宫里有山，山边有湖，湖上有岛，山水若隐若现，山上松柏枫竹翠绿成荫，湖中水清见底、倒影如镜，眼前的景物也在不断变幻，显得新鲜而不可捉摸。植物生长得非常自由，古老的大树、岩石、泥土、花木、枯叶，使人愉心而又悦目。宫内楼亭堂舍错落有纹，贯彻着至简至素的传统与自然美与湖光山色融为一体。细部处理精致细腻，如各种不同寓意的石灯笼和手水钵，专门为禅宗式庭院所用的山石和茶室式所用的路石都体现了很高的艺术造诣。园内一景一物，无论是春夏、秋冬的季节变换，处处都能成诗入画，所有的一切顺其自然，将其推向朴素、简明的极限，可谓达到浑朴至真的美境。桂离宫集茶室、书院、禅院、园艺术风格于一体的综合性庭院空间，精致完美、品味高雅，庭园整体与外部自然景物达到了高度的和谐，被认为是日本建筑中的顶峰之作之一（图2-5-49～图2-5-54）。

日本的府邸住宅有"寝殿造"、"书院造"以及17世纪之后的"数寄屋"。15世纪中叶到16世纪形成了茶道，茶室作为一种特殊形态出现。寝殿造是平安时代（Heian period，公元784～1185年）出现的，它的空间布置特点是：供主人居住的是中央寝殿，左、右、后三面是眷属所住的对屋，寝殿与对屋之间有走廊相连，整个布局大致对称，房间几乎没有固定的墙壁，只有隔扇状的拉门来划分空间，这种拉门非常轻巧，如将它们关闭起来，整个房间就会一一隔开，如打开拉门，"墙壁"又会顿然消失，又变成一个大空间（图2-5-55、图2-5-56）。

到了镰仓时代（公元1185～1333年），由于建立了幕府制，武士阶层当权。他

图2-5-49　桂离宫，日本，京都

图2-5-50　桂离宫园景

图2-5-51　桂离宫园景

图2-5-52　桂离宫园景

图2-5-53　桂离宫园景

图2-5-54　桂离宫园景

们不像皇帝贵族那样保守囿于礼仪，当然也出于防御上的考虑，住宅平面形式和内部分隔都变得复杂起来，直至室町时代形成了"书院造"（图2-5-57）。书院造住宅平面开敞，分隔更为灵活、简朴清雅。一幢房子的若干空间里，有一间地板略高于其他房间，且正面墙壁上划分为两个壁龛，左面宽一点的叫押板，用做挂字画，放插花等清供之处，右面的是一个可以放置文具图书的博古架叫作违棚，左侧墙紧靠着押板的一个龛叫付书院，右侧墙上是卧室的门，分为四扇，中间两扇可以推拉，两侧是死扇。这种门及隔扇是由较粗的外框及里面的细木方格组成的格栅，糊有半透明的纸，既是墙壁，也是门窗，也被称为障壁。到了桃山时代书院造开始兴盛起来，进而成为今天的和风住宅的渊源。这时室内界面中，天花上画着程式化的彩画，障壁上包括床、棚以及门在内，画着风景或花草、翎毛，称为金碧障壁

图2-5-55 "寝殿造"住宅示意图

图2-5-56 "寝殿造"住宅

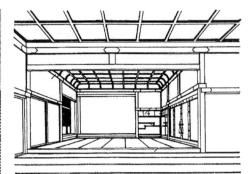

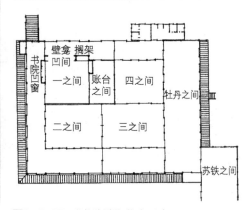

图2-5-57 "书院造"住宅示意图

画。另外，京都二条城二之丸殿是书院造住宅江户时代的典型代表（图2-5-58）。

进入桃山时代（Momoyama period，公元1573～1614年），日本形成了茶道，相应地也就出现了草庵式茶室。现存京都的妙喜庵待庵是较有代表性的一个（图2-5-59）。

这一时期随着经济的发展，建筑达到了新的水平，产生了高层建筑物——天守阁。姬路城的天守阁就是比较宏伟壮丽的一个，天守阁外观威武稳重，内部结构雄壮有力、浑厚朴实，整体性很强（图2-5-60）。

图2-5-58 二条城二之丸殿，日本，京都

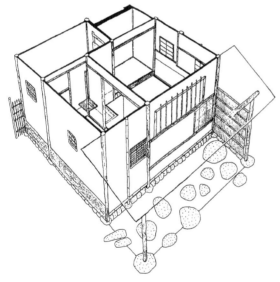

图2-5-59 妙喜庵待庵茶室轴测图

图2-5-60 天守阁，日本，姬路城

三、东南亚

1. 柬埔寨

雄踞在金边西北约310km处的吴哥古迹（Angkor），是公元9～15世纪东南亚高棉王朝的都城。吴哥一词源于梵语意为都市。吴哥王朝（公元802～1431年）先后有25位国王，统治着中南半岛南端及越南和孟加拉湾之间的大片土地，历代国王大兴土木，留下了古迹吴哥城（Angkor Thom）、吴哥窟（Angkor Wat）和女王宫等印度教与佛教建筑风格的寺塔。吴哥古迹始建于公元802年，前后用400余年建成，共有大小各式建筑600余

座，分布在约45km²的丛林中。吴哥王朝辉煌鼎盛于11世纪，是当时称雄中南半岛的大帝国。吴哥王朝于15世纪衰败后，古迹群也在不知不觉中淹没于茫茫丛林，直到1860年被发现重现光辉。

吴哥城曾是高棉王朝于公元9世纪初至15世纪期间的首都所在地，是高棉帝国最后一座都城，始建于公元9世纪，耶利亚拔摩七世（Jayavarman Ⅶ）进行了扩建。吴哥城整个城池呈正方形，周长12km，占地面积9km²，城墙高7m，厚6m，全部用石块筑成，城门也用石头砌成，外有护城河围绕，河上有桥，桥两旁各置有27尊跪坐式石雕侍卫神像。吴哥城共有5座城门，每个城门都高达20m，四周屹立着四面湿婆神像，俗称"四面佛"，神像头高约3m，天庭饱满，地角方圆，带着神秘的微笑。城门两侧各有一只石象，象有3个头，牙齿着地，鼻子在莲花中卷动，甚是生动逼真。

城内有许多著名的寺庙和建筑，而最主要的建筑是城内中央圣殿即巴戎寺（Bayou）。巴戎寺建在一座两层石砌台基上，是一座佛教寺庙。庙中心部分是一组由16座相连的宝塔构成的建筑群。每座塔布满石刻，塔的顶部都雕有象征国王的四面佛，呈现出高棉式的微笑，它象征着王权和佛教的神圣。中央是一座高约43m的宝塔，直径25m，表示着天上的神与尘世的人息息相通。两层台基外都是刻有大量栩栩如生浮雕的方形回廊，内层的内容多取材于佛教故事，外层则充满了浓厚的生活气息，有的是描绘高棉人抵御外来侵略的战斗场面，有的是耕作、捕鱼和狩猎等生产和生活形象，有的表现婚宴和斗鸡、杂耍等娱乐情景。

吴哥窟也称塔城，是一座供奉毗湿奴（Vishnu）的寺庙，距吴哥城3.3km，建于公元12世纪前半叶，苏利亚拔摩二世（Suryavarman Ⅱ）在位时，动用了30万劳工，历时37年才建成。吴哥窟建筑面积近200万m²，是世界上最大的寺庙。吴哥窟的建筑宏伟壮观，雕刻精美绝伦。寺的主体建筑在一个石基上，分为三层，台上有5座莲花蓓蕾似的佛塔高耸入云，中间的有65m高，四座小宝塔分布在二层的四角，象征着神话中的茂璐山（印度教和佛教教义中的宇宙中心和诸神之家），这五座佛塔成为高棉人引以为傲的象征。佛塔底层是800m的精美浮雕长廊，题材为印度史诗中相关的生平事迹，二层还有四个供国王沐浴的水池，三层是用来国王朝拜的地方。吴哥窟的四周环绕着护城河，大门向西开，喻示西方极乐世界。

女王宫距吴哥城约25km，因为传为妇女所建，且里面的女性浮雕栩栩如生，故称女王宫。这座敬奉湿婆神的女王宫建于公元967年，比吴哥窟的修建时间还早。女王宫主体建筑由三座并排耸立的塔形神祠和配殿构成，里面的浮雕相比吴哥其他浮雕更为精美玲珑。浮雕所用的材料是红砂岩，比吴哥窟用的青砂岩更细腻、更适合人物造型，并且不易风化。远望女王宫，整个建筑整体层次分明、富有韵律，宫殿整齐对称，精美绝伦，围墙错落有致，寺内古树参天，祠塔精美。

整个吴哥古迹以其美轮美奂的浮雕和巨石建筑受到世人的瞩目，它是12世纪吴哥王朝极盛时期的代表作（图2-5-61、图2-5-62）。

图2-5-61 吴哥窟,柬埔寨

2. 缅甸

缅甸仰光大金塔（Shwe dagon Paya），是世界上最著名的佛教宝塔之一。大金塔位于仰光北方的辛德达亚山坡上，是一座佛舍利塔，也是仰光的最高建筑，它与印度尼西亚的婆罗浮屠、柬埔寨的吴哥窟齐名，同为珍贵的人类文化遗产。大金塔始建于公元前585年，已有

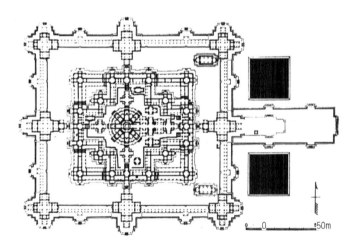

图2-5-62 吴哥窟平面图

2500多年的历史。据佛教传说，释迦牟尼成佛后，为报答缅甸人从印度带回8根释迦牟尼佛祖的佛发，献给缅甸王，于是修筑此塔把佛发珍藏塔内。

大金塔由始建到如今已经被修缮多次。仰光大金塔初建时仅9m高。1450年重修大金塔，将它增高至92m。1453年登基的缅甸历史上唯一一位女王对大金塔进行了一次大规模的修葺，把塔基用石块修砌，在塔四周建上佛亭，并铸造了一口200多吨重的铜钟。1492年，在大塔四周修筑了48座小塔。16世纪，给大金塔贴金。1581年，阿在佛塔基部建了金银伞形花塔，并嵌有2000颗红宝石的顶伞。到1775年，经两千余年间的修缮、扩建，方成今日的规模，塔身已修成现在的高度，呈钟形的主塔高112m，用砖砌筑并贴有金箔，金箔的重量就达7t。塔的东南方有一颗巨大的菩提树，相传此树是从印度释迦牟尼金刚宝座的圣树苗中移植的。塔有四个门，门前各有一对石狮。当微风袭来时，大金塔尖上悬挂的宝铃叮当作响，清脆悦耳，听之如闻仙乐一般。在阳光的照射下，它反

图2-5-63　仰光大金塔，缅甸

射出耀眼的光芒，令人肃然起敬。1777年，在塔基、塔坛四周建佛殿，并铸造了四尊五合金佛像。1871年，大金塔重修了宝伞，这项宝伞就是今天人们看到的大金塔上的宝伞。如今缅甸每隔3～5年会为大金塔贴金整修一次。

主塔四周环墙，开东西南北四处入口。南门为主要入口，登70余级大理石阶梯，抵达大塔台基平面。台基四角各有一座小型石塔，中间为大塔本身，在塔基四周还有伞形花塔44座、佛亭82座及各种大小佛殿如星捧月般矗立在大金塔周围。其中7座生肖神备受重视，信徒各依生肖在该生肖神前替佛像浇水、点蜡烛、膜拜。这些佛塔风格不同，造型各异但却错落有致与主塔浑然一体，使得整个建筑群庄严神圣。金光灿烂的仰光大金塔蔚为壮观，集中着缅甸建筑艺术的精粹（图2-5-63）。

3. 印度尼西亚

印度尼西亚的婆罗浮屠佛塔（Borobuder Temple Compounds）可与中国的长城、埃及的金字塔以及柬埔寨的吴哥古迹相媲美，被世人誉为古代东方的四大奇迹之一。婆罗浮屠意为"千佛坛"，在梵文中也可解释为"丘陵上的佛寺"。它是公元8、9世纪的萨兰德拉王朝留下的历史遗迹，位于距中爪哇峡谷中，屹立在一座人工堆筑的山丘上。它远含青山，近拥碧翠，山环水抱，林秀泉清，周围景色十分壮丽。

婆罗浮屠是座实心佛塔，是用200万块火山岩石砌成的。它没有门窗，也无梁柱，是百分之百的"石头方丘"。然而这些石头却像一部佛典一样，开启了凡夫俗子通达极乐世界之门。

佛塔自下而上共十层，可分为塔底、塔身和顶部三大部分。塔的基层呈四方形，边长111.5m、墙高4m。各层平台向上依次收缩，在顶部有一座主佛塔，直径9.9m。佛塔共有10层，从底层至塔顶最尖端高42m。四周的中间各有一条石阶通道，从基层直通塔顶。佛教徒必须按特定的路线登婆罗浮屠，经过层层佛境的感受，最终走向庙顶。登上婆罗浮屠，就是精神的一次佛教修行，从一个欲望横生的世界进入佛教的崇高境界（图2-5-64）。

塔的构造是根据佛教的"天圆地方"说、"三界"说设计的。基层为"欲界"，第二层至第七层为"色界"，第八层以上为"无欲界"，八至十层呈圆形，是塔顶的脚座，三层共建有72个钟形小塔，塔内各置一尊佛像。塔的各层都有回廊，回廊内视野封闭，人行其中不见外面，目光所及只是头顶的青天和两壁的宗教图像，这象征着佛教徒的一个闭门修炼过程。每隔数步有一石壁佛龛，内供一真人大小的盘坐佛像，共有432尊，神

图2-5-64 婆罗浮屠佛塔，印度尼西亚

图2-5-65 婆罗浮屠佛塔的方形坛

图2-5-66 婆罗浮屠佛塔方形坛回廊

图2-5-67 婆罗浮屠佛塔圆坛

态各异，千姿百态。

婆罗浮屠的雕刻艺术体现于整个设计中。塔身墙上、回廊的石壁、栏杆上均饰有浮雕，如全部连接起来长度可达2900m，有1300幅叙事浮雕、1212幅装饰浮雕。据传，当年萨兰德拉国王为了收藏释迦牟尼的一小部分骨灰，动用10万奴隶，用15年的时间，用去石料5500m³，才建成了这座佛塔，最终成为遐迩闻名的佛教圣地（图2-5-65～图2-5-67）。

第三章 —— 近世人居环境

（约史前至公元2世纪）

（约公元3世纪至12世纪）

（约公元13世纪至18世纪）

（约18世纪至20世纪初）

（20世纪初至今）

第一节 文艺复兴

14世纪，在以意大利为中心的思想文化领域出现了反对宗教神权的运动，强调一种以人为本位并以理性取代神权的人本主义思想，从而打破中世纪神学的桎梏，自由而广泛地汲取古典文化和各方面的营养，使欧洲出现了一个文化蓬勃发展的新时期，即文艺复兴（Renaissance）时期。"文艺复兴"一词，源自意大利语，为再生或复兴的意思，即复兴希腊、罗马的古典文化，后来被作为14～16世纪欧洲文化的总称。

在建筑及环境设计上这一时期最明显的特征就是抛弃中世纪时期的哥特式风格，而在宗教和世俗建筑上重新采用体现着和谐与理性的古希腊、古罗马时期的柱式构图要素。此外人体雕塑、大型壁画和线型图案锻铁饰件也开始用于室内装饰，这一时期许多著名的艺术大师都参与建筑及其环境设计，并参照人体尺度，运用数学与几何知识分析古典艺术的内在审美规律，进行艺术作品的创作。因此将几何形式用作设计的母题是文艺复兴时期主要特征之一。

一、早期文艺复兴

15世纪初叶，意大利中部以佛罗伦萨为中心出现了新的建筑设计倾向，在一系列教堂和世俗建筑中，第一次采用了古典设计要素，运用数学比例创造出和谐的空间效果，令人耳目一新的设计作品。为了深入理解早期文艺复兴的设计成果，这里以设计师为线索来进行了解。

1. 伯鲁乃列斯基

伯鲁乃列斯基（Brunelleschi，1377—1446）是文艺复兴时期建筑第一个伟大的开拓者。他善于利用和改造传统，他是最早对古典建筑结构体系进行深入研究的人，并大胆地将古典要素运用到自己的设计中，并将设计置于数学原理的基础上，创造出朴素、明朗、和谐的建筑室内外形象。他以出色的穹顶设计而被誉为早期文艺复兴代表的佛罗伦萨主教堂（Florence Cathedral）建于1296～1462年，平面为拉丁十字式，西部围廊式的长方形会堂长60多米，东部正中为八角形穹顶，在其东、南、北三面亦各有一个近八角的巨室，每个巨室又设置5个小礼拜堂。主教堂总高约110m。整个工程没有借助拱架而是以一种鱼骨结构的新颖方式建成。穹顶呈尖拱而不是半圆，高40.5m大于半径。伯鲁乃列斯基借鉴了拜占庭的经验，在穹顶下方加了一个高达12m的鼓座，虽不利于抵抗侧推力，但却能把穹顶举得更高，因此获得了饱满、充盈着张力的穹顶，成了主教堂形态结构的中心。佛罗伦萨主教堂的穹顶以其毋庸置疑的高大体积和轮廓分明的简洁外形突出体现了古罗马的理性和秩序原则，这与当时统治西欧大陆的"火焰风格"哥特建筑风格是完全不同的。同时，作为罗马帝国灭亡以后第一次由意大利人建造起的巨型穹隆结构，极大唤起了意大利人沉睡已久的对悠久历史和古老文化的自豪感。因此，它从开始建造的那一天起，就注定以崭新的、富有纪念碑气质的形象成为新时代的宣言书。

佛罗伦萨主教堂不仅以全新而合理的结构与鲜明的外部形象而著称，而且也创造了朴素典雅的内部形象。它的平面也是一个罗马十字形，只不过两个袖廊与主廊端部的形式与面积是一样的，即三个八角形小礼拜堂插入作为讲经坛的八角形大厅，八角大厅的上部是一个直径达42.5m的八角面穹窿，表面绘满彩色壁画。其他顶棚有着与早期中世纪风格一样的十字拱顶。连续尖拱廊的柱式上下分为两段，下面的为带有两道凹角的方柱，上面是带有一道凹角的半壁柱，而且各有细密精致的柱头，在尖拱的顶端有一道横贯整个教堂室内的檐部线脚，其上是一排秩序感很强的圆形窗，产生了丰富有趣的几何形效果，同时又加强了同圆形穹顶的呼应，整个空间失去了哥特时期那种高狭的空间和脉络分明的骨架，却保留了哥特式轻巧、飞翔的特点，从而又缓和了古罗马风格沉重的雄伟气势，在比例尺度上更宜人，造型更加宁静而和谐（图3-1-1~图3-1-4）。

伯鲁乃列斯基设计的另外两座教堂是圣洛伦佐（San Lorenzo）和圣斯皮里托（St. Spirito）教堂。这两座教堂都是典型的罗马十字形平面，且空间布局乃至细部造型都遵循严格的数学比例关系。如圣洛伦佐教堂是以十字交叉大的正方形柱距开间为基本单位，歌坛和袖廊与这一基本单位的面积一样，中厅则是由四个基本单位构成，侧廊的柱

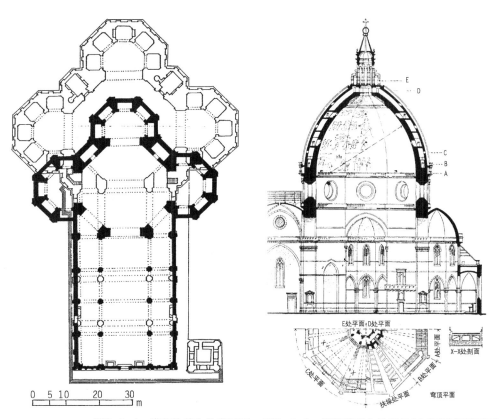

图3-1-1　佛罗伦萨主教堂平面　　图3-1-2　佛罗伦萨主教堂剖立面图及穹顶平面

图3-1-3 佛罗
伦萨主教堂

距开间是基本单位的四分之一。圣斯皮里托教堂除以基本单位为基础的比例体系外，还将侧廊的方形柱距开间环绕整个教堂周围，使室内空间序列更为多样而有序。在立面关系上也都作了更精致的安排，前者中厅柱廊与上部高侧窗部分的高度比是3：2，后者是1：1，侧廊高度与中厅高度的比为1：2。两个教堂的柱子均为带有柱帽的科林斯柱式支承着半圆形拱券，顶棚则为分别带有方形和圆形图案的平顶，亲切而平静，地面都用大理石镶嵌着精美的图案。在细部装饰上，采取了有分寸的处理，使每一部分装饰都恰到好处，自然而得体（图3-1-5）。

伯鲁乃列斯基设计的另一个集中式建筑是位于佛罗伦萨的帕齐礼拜堂。其结构较复杂，正中是一个穹顶，左右各有一段筒拱。室内墙面为白色，使用扁平的科林斯壁柱划分。壁柱、檐部券面和所有线脚都用稍深的颜色，因此脉络明晰，有很强的秩序感，构图优雅、严谨且巧妙（图3-1-6～图3-1-8）。

图3-1-4 佛罗伦萨主教堂室内

图3-1-5 圣洛伦佐教堂，意大利

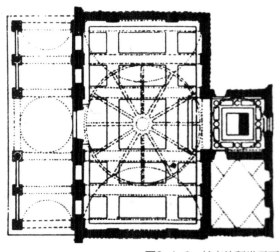

图3-1-6 帕齐礼拜堂平面　　图3-1-7 帕齐礼拜堂室内，意大利

2. 阿尔伯蒂

阿尔伯蒂（Albenti，1404—1472）是15世纪上半叶继伯鲁乃列斯基之后又一卓越的设计师和理论家。他博学多才，是当时最负盛名的人文主义者之一。阿尔伯蒂在著作中重新整理了古罗马维特鲁威（Vitruvius）的理论核心——柱式理论和比例理论，他首次对古典柱式进行深入而细致的研究，从而形成包括五种柱式在内的完整柱式体系（图3-1-9）。他也坚信，设计是由数学规则和比例支配的，并由此产生和谐。他的经典定义是：一个完美的设计形式，哪怕改变或移动任何一个细部也会破坏或毁掉整个作品的完整和谐。他以欧几里得几何学作为运用基本形（正方形、圆形等）的依据并以倍数或等分的方式

图3-1-8 帕齐礼拜堂穹顶

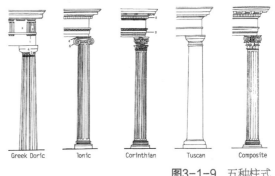

Greek Doric　Ionic　Corinthian　Tuscan　Composite

图3-1-9 五种柱式

找出理想的比例。同时他也认为全部的设计要点，在于精确的线和角的匹配组合，组合要位置恰当、数目清楚、比例精确、秩序优美。他尤其关注维特鲁威利用人体作为比例范例的观点，认为"人是万物的尺度"。

阿尔伯蒂于1470年设计了文艺复兴早期最为杰出的圣安德烈（St. Andrea）教堂，它的内部设计金碧辉煌，而且有一种令人振奋的雄浑特质。整个平面布置虽然也是罗马十

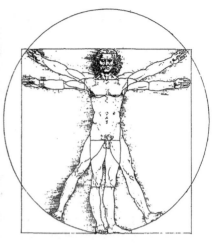

图3-1-10　圣安德烈教堂室内，意大利　　　　图3-1-11　达·芬奇的人体比例范图

字形的，但却抛弃了带有侧廊的形式而采用古罗马浴场的巨型并带有凹格的筒形拱顶覆盖教堂的大厅，从而突出空间的开阔。十字交叉部则是用帆拱支撑的穹窿，大厅的两侧由于筒形顶结构的需要而又设计了巨大的户间壁，从而在两侧各形成三个凹入墙面的巨形壁龛。立面造型恰如其分地运用壁柱与几何形进行分割，并创造性地运用古典要素来进一步丰富和完善，整个室内空间开放闭合有度，造型繁简疏密得体，给人一种浑厚凝重而又气势磅礴的感觉（图3-1-10）。

3. 达·芬奇

列奥纳多·达·芬奇（Leonardo da Vinci，1452—1519）是文艺复兴时期最伟大的天才艺术家，曾绘制出流芳千古的《最后的晚餐》和《蒙娜丽莎》等画作。除绘画以外，他在建筑、力学、光学、天文和地质学方面也都有很高的成就。他在建筑方面虽没留下完整的作品，却留下一系列建筑素描。这些素描的重要性在于：一方面将解剖学的素描技巧运用于建筑素描，创造了建筑透视图，而在此之前建筑绘图只局限于平面图和立面部，这种新的素描技巧为建筑室内外设计提供了更多的信息量，从而促进了关于建筑是有机整体观点的发展；另一方面他的建筑素描描绘的都是以十字或八角形为基础的集中式教堂并带有明显的拜占庭风格。这反映了他先进的建筑艺术观点，因为集中式建筑更好地体现整体统一的观念，而且更重视与人密切相关的室内环境。

列奥纳多还继承维特鲁威和阿尔伯蒂关于以人体比例作为设计范例的观点并绘制成图，图中是一个人四肢伸展，以他的肚脐为圆心画一个图，那么他的手指与脚趾就会能抵到圆的四周，同样从头顶到脚的高度同展开的双臂的宽度是一样的（图3-1-11）。

二、盛期文艺复兴

15世纪中叶以后，发源于意大利的文艺复兴运动很快传播到德国、法国、英国和西班牙等国家，并于16世纪达到高潮，从而把欧洲整个文化科学事业的发展推进到一个崭新的阶段。随着建筑艺术的全面繁荣，环境设计也向着更加完美和健康的方向发展。

整个文艺复兴运动自始至终都是以意大利为中心而展开的。作为世界上最大的教堂圣彼得大教堂（St. Peter's Cathedral）是文艺复兴时期最宏伟的建筑工程，是在罗马老圣彼得教堂的废墟上重建的。最初是由著名的建筑师伯拉孟特（Bramante，1444—1514）设计的，他抛弃了罗马十字形布局，采用一个处于正方形之中的希腊十字形，然而伯拉孟特没有来得及实现他的设计便去世了。后来教皇任命著名画家拉斐尔（Raphael）等人继续设计，并要求他将原设计改为正统天主教会的罗马十字平面，即在西端加上一个长长的巴西利卡式，但又由于在德国爆发了宗教改革运动而危及罗马教廷，在混乱中教堂工程又搁置了二十多年，直到1547年由伟大的艺术巨匠米开朗琪罗（Michelangelo，1475—1564）主持工程，使设计又恢复最初的集中式构图。他设计了比半圆稍稍拉长的饱含弹性张力的中央大穹顶，并于1590年建成。但是到了17世纪，在教皇的压力下，又拆去正立面加了一段三廊的巴西利卡大厅，于是内部空间及外部形体的完整性受到严重破坏。尽管圣彼得大教堂历经磨难，历经120年终于建成，它毕竟集中了当时许多优秀艺术家的智慧，也体现了16世纪意大利盛期文艺复兴的建筑成就。教堂平面最终仍是罗马十字形的，只是十字形正中处在一个正方形之中，在十字交叉处的顶部也是个真正球面穹窿，而不是佛罗伦萨那样分为八瓣；穹顶直径41.9m，与万神庙很接近，内部顶点高123.4m，却几乎是万神庙的三倍。穹顶下面是神亭。教堂着意强调人与空间的新形象，正是由于平面是十字形与正方形的组合，才使空间四方呼应上下贯通，从而改变了单一的罗马十字形布局。建筑空间造型简洁明快疏朗；空间气质昂扬，健康而饱满；细部装饰典雅精致而又有节制。内墙和柱式均采用各色的大理石而使整个空间更为富丽堂皇，再加上教堂内安装上许多出自名家大师之手的雕像壁画，从而使人感到这里并不是备受精神压迫的教堂而是充满着人文主义气息的神圣艺术殿堂（图3-1-12～图3-1-17）。

16世纪初，米开朗琪罗接受美第奇家族的委托为圣洛伦佐教堂设计新的礼拜堂，即新圣器室（New sacristy）。其内部设计借鉴了老圣器室形式，但很多部分是创新的，体现了建筑雕刻综合体的概念，礼拜堂内相对的两侧墙面前分别安置美第奇家族的两个成员的陵墓，两者的雕像放在象征性的大理石石棺上，下面是两个躺卧着的雕像，形成一个三角形构图。墙面用双壁柱垂直

图3-1-12　圣彼得大教堂穹顶

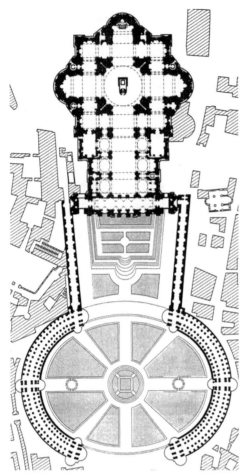

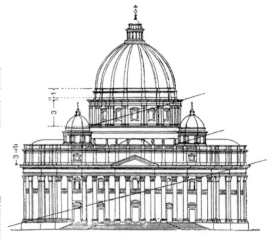

图3-1-14 圣彼得大教堂立面

图3-1-13 圣彼得大教堂及广场总平面图　　　图3-1-15 圣彼得大教堂广场，意大利，罗马

图3-1-16 圣彼得大教堂室内

划分为三个开间，中间是安装美第奇雕像没有山花的矩形壁龛，而左右两侧的空壁龛却用涡卷形托石托起拱形山花，通过这样的对比以加强主题（图3-1-18）。除此以外，柱式、门、檐楣和底座都设计的相当新颖，且富于变化。

盛期文艺复兴的建筑最突出的特点是世俗建筑占有重要的地位。由建筑师帕鲁齐（Peruggi，1481—1536）设计的罗马麦西米府邸，其室内设计充分代表着16世纪世俗建筑的最高成就。麦西米（Massimi）府邸位于一个街道

图3-1-17 圣彼得大教堂室内

的转弯处，因此它的平面是呈弧形的不规则布置，内部空间分布有完整的空间序列。由府邸右边入口步入带有六个塔司干柱式宽大的门厅，再经过长长的走廊来到走廊拐角处豁然开朗的是内院中庭，然后继续向右转由楼梯经过相对窄小的二层过廊，来到宽阔典雅的大客厅，从而形成这一系列空间的高潮，从中不难看出麦西米府邸整个内部空间充满着从引导、激发、高潮直至结束，形成一个有张有弛的完整而流动的连续空间序列。在内部装饰上与教堂不同而自成一格。大厅的长方形顶棚是一组井字格，简洁大方，造型用各种饰线装饰，层次分明。四周是一圈复合型的檐口线，把墙面分成上下两部分，上边是一幅幅长方形构图的浮雕，下边每个墙立面均被四个爱奥尼式半壁方柱分成

图3-1-18 新圣器室，意大利

三个长方形，并以两道线脚装饰。两个横立面每侧各开两扇门，门两侧各有一对带有基座的雕塑，其中一个横立面正中是一个大壁炉。地面处理仍以各色理石拼花装饰。整个界面装饰处理比例匀称、朴素典雅，而且细部装饰精致细腻（图3-1-19～图3-1-21）。

　　劳仑齐阿纳图书馆（Biblioteca Laurenziana）是米开朗琪罗又一个全新的创造。由于地形条件的限制，门厅与主体建筑分别建在不同高度的地面上。门厅中的内墙处理有极强的雕塑感，巨大的大理石双柱沉着有力，柱下华美的涡卷形托石将其托起，给人一种凌空而起的感受，使圆柱仿佛失去了重量。门厅最富激情的是楼梯的设计，其形体组合

图3-1-19 罗马麦西米府邸，意大利

图3-1-20 麦西米府邸室内

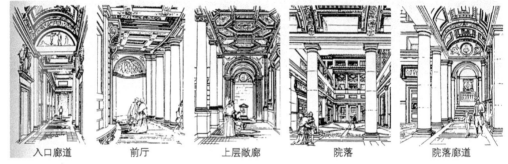

| 入口廊道 | 前厅 | 上层敞廊 | 院落 | 院落廊道 |

图3-1-21 麦西米府邸室内

造型错落有致、凝重洗练，富于美感和创造性。米开朗琪罗首先是位雕塑家，其次才是画家和设计师，因此，其设计语言具有饱满的体积感和具有张力的雕塑感，他的作品具有一种不可摹仿的个人风格特质，但是许多设计师却仍受惠于米开朗琪罗，他的创造精神鼓励了以后的艺术家们的探索（图3-1-22）。

1536年米开朗琪罗在罗马设计了卡比多（The Capitol）广场。卡比多广场又称市政广场，位于罗马城中心的历史文化圣地卡皮托利诺山上（图3-1-23～图3-1-25）。它的平面呈梯形，长79m，最宽处60m、窄处40m。长长的台阶从山下直达广场，也是梯形的，下小上大。当人从短边处向长边方向观看时，由于透视的原因，感觉上位于长边的物体被向前拉进，形象得到突出和强化。正面的市政厅是由罗马时期的国家档案馆改建，米开朗琪罗设计了它的立面及大门前的八字形台阶。两侧的诺沃宫和孔塞维特里宫立面几乎完全一样，都采用巨柱式构图，一层直通到二层，这也是由米开朗琪罗设计的。广场的地面铺砌有褐白两色的放射状椭圆形图案，中央是古罗马五贤帝之一的奥勒留皇帝骑马雕像。它原来竖立在罗马郊外，后来米开朗琪罗将其移至卡比多广场，并为它设计了底座。

文艺复兴运动以佛罗伦萨为中心开展起来，后来影响到威尼斯。威尼斯的文艺复兴建筑最主要的是圣马可广场及其建筑群。圣马可广场自古以来一直是威尼斯的政治、宗教和商业的公共活动中心，广场的主体建筑是圣马可教堂，这座教堂建筑建于11世纪，是一座拜占庭风格的教堂，立面装饰十分华美。

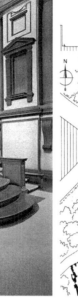

图3-1-22　劳仑齐阿纳图书馆，意大利

图3-1-23　卡比多市政广场平面图

图3-1-24　卡比多市政广场，意大利，罗马

图3-1-25　卡比多市政广场地面铺装

　　圣马可广场东西长170多m，东边宽80m，西边宽55m，呈梯形。主体是圣马可大教堂和钟楼，教堂的南侧是总督府和圣马可图书馆。钟楼高近100m，始建于10世纪，是广场的标志性建筑。总督府最初建于公元814年，后来屡有改建，现今的建筑是1309～1424年建造的，是威尼斯繁华时代的象征。它的平面采取围绕内院排列房间的传统布局。靠近广场的码头又被称为小广场，竖立两根高大的圆柱，一个圆柱上的雕塑

是威尼斯城徽飞狮，另一个圆柱上的装饰是拜占庭时期的保护神狄奥多尔（图3-1-26、图3-1-27）。

文艺复兴时期三杰之一的拉斐尔（Raphaet，1483—1520）也是一位出色的建筑师，他的设计风格对文艺复兴后期一种新的建筑风格——风格主义的形成产生了积极的作用。16世纪早期他和他的学生合作设计的罗马近郊马达马别墅（Villa Madama）在文艺复兴时期别墅建筑中占有重要地位。其中有一个三开间的厅堂，厅堂中间覆盖着巨大的穹窿，两端以半圆顶结束，表面均饰以浅浮雕，形成绚丽多彩的装饰图案。柱式的造型丰富细腻，落地式的门窗悬挂着华丽的垂幔。这些带有风格主义特点的装饰手法对以后欧洲室内装饰有着较大的影响。

15世纪，意大利以外的整个欧洲大陆的建筑还是哥特式的，因此法国文艺复兴建筑的发展与意大利相比是比较晚的，而且更缓慢，直到16世纪建筑师们才纷纷将意大利文艺复兴的语言运用到自己的作品中，从而使法国建筑出现了新的面貌。但还存在着根深蒂固的哥特式建筑结构与新的装饰语言之间的矛盾。法国的设计师往往偏重于摹仿意大利建筑的细节和装饰，而未能掌握它的精神实质和基本原理。到16世纪初随着王权进一步加强，宫廷艺术的崛起压倒了市民建筑和宗教建筑，代表了法国建筑艺术新的发展方向。

从16世纪30年代开始，意大利艺术家来到法国参加枫丹白露宫（Palais de Fontaineleau）的建筑工程，使得法国文艺复兴建筑进入一个新的发展阶段。枫丹白露宫位于巴黎近郊，原是一皇家猎庄，后来又陆续扩建一系列新的宫殿和长廊，1530年意大利艺术家罗索（Rosso）来到枫丹白露宫，主持宫殿内部的工程。两年后，普里马蒂乔（Primaticcio）也来到法国，共同领导当地的雕刻家和画家们设计枫丹白露宫的装饰工作，这一团体后来被称为"枫丹白露"学派。罗索的壁画改变了原先的画面骚动不安的基调，而趋向优雅、妩媚，普里马蒂乔将意大利纯熟的风格主义装饰风格引进了法国，并创造了灰泥高浮雕与绘画相结合的新的装饰方法。其中著名的弗朗索瓦一世（Fvancis I）长廊中的墙面上，绘画周围的高浮雕人物仿佛要从墙上跳下来

图3-1-26　圣马可广场，意大利，威尼斯　　　图3-1-27　圣马可教堂

似的，此外缠绕在画框边上的如皮革般卷曲折叠的装饰母题也是他的创造。亨利二世廊的设计也相当出色，顶棚是用木板镶拼成八角形几何图案，侧墙装饰是典型意大利式的，每侧各有四个拱门，柱墩饰满浮雕和壁画，下部是雕饰着线脚的丰富精美的胡桃木墙裙。另外，皇后接见厅和大舞厅也以其精美的设计成为法国文艺复兴时期室内设计中的精品。整个宫殿内部经过全面的装饰后，成为法国宫廷中最著名的离宫（图3-1-28～图3-1-30）。

16世纪上半叶，法国王室贵族们对意大利文艺复兴艺术大为赞赏，由他们推崇、倡议，法国出现了最早的文艺复兴建筑。这些新建的建筑大多集中于风景秀丽的卢瓦尔河谷（Loire valley），靠近当时的首都图尔，多为离宫别墅，其中规模最大的是聘请意大利设计师设计、法国工匠建造的尚博尔（Chambord）城堡。其位于法国中部卢瓦尔河5公里处的一片林海中，是法国文艺复兴时期的旷世杰作。尚博尔城堡自1518年起由弗朗索瓦一世开始修建，20年后建成，原为狩猎场。城堡占地52km²，围墙周长32km，有六座城门。这座城堡是把中世纪的城堡风格与意大利的古典结构融为一体。尚博尔城堡作为古堡建筑由实用性建筑向审美性建筑转变的生动的例证，具有极高的建筑价值（图3-1-31、图3-1-32）。

图3-1-28　枫丹白露宫及其环境，法国

图3-1-29 法国枫丹白露宫

图3-1-30 枫丹白露宫弗朗索瓦一世长廊

图3-1-31 尚博尔城堡，法国，图尔

图3-1-32 尚博尔城堡室内

　　意大利文艺复兴时期新的建筑风格对西班牙的影响是比较深刻的。从13世纪起西班牙就拥有意大利南部的大片领土，16世纪绝大部分意大利领土都在西班牙国王的控制之下，因此无论是政治还是宗教上与意大利的接触比北方国家更频繁。像欧洲其他国家一样，西班牙的民族传统使它的文艺复兴建筑带有浓厚的地方色彩。15世纪下半叶开始，意大利的柱式及一些装饰细节传入西班牙，因此最初设计的繁复装饰以及精美的花栏杆、灯盏等铸铁构件，成为当时西班牙设计的主要表现手段。但到了16世纪上半叶，一些优秀的设计师已不满足于将意大利的装饰细节装点在自己的作品中，开始探讨如何从本质上把握文艺复兴设计的精神特质，设计出具有民族特点的建筑及环境作品。其中埃斯科里亚尔（Escorial）宫是一座规模宏大的宫殿，整个宫殿是一个长方形，长205m、宽160m，分为6个区域，60m见方，教堂居于轴线上的集中式布局，周围分别是修道院、神学院、宫廷议事处和寝宫等，功能十分复杂，但分区明确而有条理。教堂穹窿居于鼓座之上，高达95m，其他装修比较简单，墙面上做多立克壁柱，这种简约的风格成为西班牙文艺复兴建筑的主要特征（图3-1-33）。

意大利位于欧洲南部亚平宁半岛上，境内山地和丘陵占国土面积的80%。半岛和岛屿属亚热带地中海气候，雨量较少。夏季在谷地和平原上气候闷热，而在山丘上即使只有几十米的海拔高度就迥然不同，白天有凉爽的海风，晚上也有来自山林的冷气流，这一地理、地形和气候特点成为形成意大利台地园的重要原因。

意大利文艺复兴时期的庄园多建在城郊外风景秀丽的丘陵坡地上，依山就势辟成若干台层，形成独具特色的台地园。其园林布局严整对称，有明确的中轴线贯穿全园，且联系各个台层，使之成为统一的整体。中轴线上则设置水池、喷泉、雕像以及造型各异的台阶、坡道，这些景物对称地布置在中轴线两侧。庭园轴线有时只有一条主轴，有时分主、次轴，甚至还有几条轴线或直角相交，或平行，或呈放射状。各台层上常以多种形式理水，理水不仅强调水景与背景在明暗与色彩上的对比，而且注重水的光影和雕像效果，甚至以水为主题形成丰富多彩的水景。植物造景也非常丰富，将密植的常绿植物修剪成高低不一的绿篱、绿墙和绿荫剧场等。

庄园府邸常常设在最高处，作为控制全园的主体，显得十分雄伟壮观，给人以崇高、敬畏之感。在教皇的庄园中常常采用这种手法，以显示其至高无上的权力。也有将府邸设在中间的台层上，这样既可从府邸中眺望园内景色，出入也较方便，或由于庄园所处的地形、方位等原因，府邸设在最底层接近入口，这种处理方式往往出现在面积较大而地形又较平缓的庄园中。

除主建筑外，庄园中也有凉亭、花架和绿廊等，尤其在上面的台层上，往往设置拱廊、凉亭及棚架，既可遮阳，又便于眺望。此外，在较大的庄园中，常有露天剧场。露天剧场多设在轴线的终点处，或单独形成一个局部，往往以草地为台，植物被修剪整形后做背景及侧幕，一般规模不大，供家人或亲友娱乐之用。

意大利文艺复兴早期的卡雷治奥庄园（Villa Careggio）是美第奇家族所建的第一座庄园，位于佛罗伦萨西北2km处。1417年，家族邀请米开朗琪罗设计别墅建筑和园林。建筑

图3-1-33 埃斯科里亚尔宫，西班牙，马德里

图3-1-34 卡雷治奥庄园，意大利，佛罗伦萨

上保留了中世纪城堡建筑的特色，除了开敞的走廊外，几乎看不出文艺复兴时期的建筑特点。庭园在建筑的正面展开，园内规划整齐对称，有花坛、水池、瓶饰和凉亭，凉亭周围绕着绿廊和修剪的黄杨绿篱，凉亭中设置休息座椅。庄园中还有果园，其他植物种类也很多，不过大多是以后逐渐增植的。别墅建筑尽管建造在平地上，但仍然可欣赏到托斯卡纳一带美丽的田园风光（图3-1-34）。

罗马庄园建造的盛期是从16世纪40年代以后开始的，其中最著名的三大庄园为法尔奈斯庄园、埃斯特庄园及兰特庄园。

法尔奈斯庄园（Villa Palazzina Farnese，图3-1-35、图3-1-36）是保罗三世即法尔奈斯约于1547年所建。庄园坐落在罗马以北约70km处的一个小镇，由米开朗琪罗之后罗马最著名的建筑师维尼奥拉设计，他曾在罗马建造过许多重要建筑，法尔奈斯庄园则是他的第一个大型庄园作品。法尔奈斯府邸建筑平面为五角形，具有城堡般的外观，是文艺复兴盛期著名的建筑之一。府邸前面有中世纪样式的两块呈V形布局的花坛，周围有高墙。花坛与府邸之间有壕沟，上方架有两座小桥。花园的主轴线尽头布置有岩洞。

法尔奈斯花园位于府邸后面，花园依地势呈纵长布置，分为四个台层。花园前是个小广场，广场边有两个岩洞，以粗糙的毛石砌成拱门。洞内有河神守护着跌水，中轴线上是由墙面夹成的一条宽大的缓坡，直到小楼前。缓坡中间是蜈蚣形状的石砌水槽，甬道分列两侧，构成系列跌水造型。

第二台层是椭圆形广场。两侧弧形台阶环抱着花形的水池。上面是巨大的石杯，瀑布从石杯中流下，跌落入水盘中。石杯两旁各有一手握号角的河神雕像，倚靠石杯，守护着花园和府邸。第三台层是真正的花园台地，中央部分就是花园的核心二层小楼，周

图3-1-35 法尔奈斯庄园，意大利，罗马

图3-1-36 法尔奈斯庄园

围是黄杨篱组成的绿丛植坛。花园的三面围有28根头顶瓶饰的女神像柱廊。小楼后面的两侧有横向台阶通至最上层台地，台阶下可通向外面的栗树林及葡萄园。台阶的围栏上饰以海豚与水盆相间的跌水造型。小楼后面正中有一个八角形大理石喷泉，铺装精美。喷泉后面是三级平缓的台地花坛，中间是马赛克铺嵌的甬路，直至庄园的中轴线尽端的由四座石碑组成的半圆形围廊。碑身有壁龛，碑顶是半身神像。

从法尔奈斯庄园的设计可以看出，这时已开始运用中轴线贯穿全园的各个台层，一般庭园建筑设在较高的台层。园地往往呈狭长形纵向布置，依山就势，有很好的空间序列关系。此外，埃斯特庄园（Villa d'Este，图3-1-37～图3-1-39）与兰特庄园（Villa Lante，图3-1-40～图3-1-44）也非常著名。

图3-1-37　埃斯特庄园，意大利（左）

图3-1-38　埃斯特庄园，意大利（右）

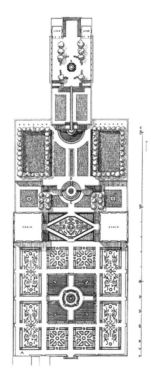

图3-1-39　埃斯特庄园中的雕像（左）

图3-1-40　兰特庄园平面（右）

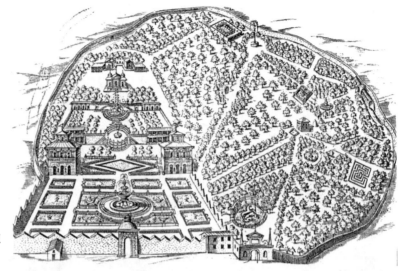

图3-1-41 兰特庄
园鸟瞰图

图3-1-42 兰特庄园，意大利

图3-1-43 兰特庄园喷泉雕塑

图3-1-44 兰
特庄园中的绿丛
植坛

图3-1-45　加尔佐尼庄园平面

图3-1-46　加尔佐尼庄园，意大利

意大利文艺复兴后期的加尔佐尼庄园（Villa Garzoni）也是极具代表性的一个（图3-1-45～图3-1-47）。庄园的第一层台的台阶的体量很大，挡土墙的墙面上装饰着马赛克镶嵌的花卉图案，墙面还有拱形壁龛，其中各立一尊陶土塑像。台阶的栏杆是土红色石制，色彩对比强烈；第二层台阶两侧的甬路设有很多雕像，甬路的一侧是花园的保护女神雕像，另一侧是笼罩在树荫中的小剧场；第三层台阶设计得非常有气势，在花园的整体空间构图中起着主导作

图3-1-47　加尔佐尼庄园中的雕塑

用，这里又是花园的纵轴与横轴的交会点。台阶沿纵轴布置一条瀑布跌水，上面有吹着号角的"法玛"（Fama）雕像，水柱从号角中喷出散落在下面半圆形的池中，然后沿台级落差逐层向下跌落，形成两条优美的跌级瀑布。

花园的最上部是一片密林，林中的跌水阶梯恰是林间流淌的溪水瀑布，跌水阶梯两侧是与中轴垂直的甬道。穿越树林的两条园路将人们引向府邸建筑。

加尔佐尼庄园在设计手法上是将乡村景观、文艺复兴式花园和渐渐兴起的巴洛克风格三者融汇在一起，运用质朴的空间形态和简洁的古典形式，创造出一个典型的文艺复兴时期庄园空间图景。

第二节　巴洛克

　　16世纪下半叶，文艺复兴运动开始从繁荣趋向衰退，建筑进入一个相当混乱与复杂的时期，设计风格流派纷呈。产生于意大利的巴洛克风格，以热情奔放、追求动态、装饰华丽的特点逐渐赢得当时的天主教会及各国宫廷贵族的喜好，进而迅速风靡欧洲，并影响其他设计流派，使17世纪的欧洲具有"巴洛克时代"之称。巴洛克（Baroque）这个名称，历来有多种解释，但通常公认的意思是畸形的珍珠，这是18世纪以来对巴洛克艺术怀有偏见的人用作讥讽的称呼，带有一定的贬义，有奇特、古怪的意思。

　　巴洛克的设计风格打破了对古罗马建筑师维特鲁威的盲目崇拜，也抛弃了文艺复兴时期种种清规戒律，追求自由奔放，充满世俗情感的欢快格调。欧洲各国巴洛克风格有一些共同的特点：首先在造型上以椭圆形、曲线与曲面等生动的形式突破古典及文艺复兴的端庄严谨、和谐宁静的规则，着重强调变化和动感；其次是打破建筑空间与雕刻和绘画的界限，使它们互相渗透，强调艺术形式的多方面综合。室内各部分的构件如顶棚、柱子、墙壁、壁龛和门窗等综合成为一个集绘画、雕塑和建筑的有机体，主要体现在天顶画的艺术成就；其三，在色彩上追求华贵富丽，多采用红、黄等纯色，并大量以金银箔进行装饰，甚至选用一些宝石、青铜、纯金等贵重材料以表现奢华的风格。此外，巴洛克的室内设计平面布局开放多变，空间追求复杂与丰富的效果，装饰处理强调层次和深度。

　　巴洛克风格最先在意大利的罗马出现，耶稣会（Jesuits）教堂被认为是第一个巴洛克建筑（图3-2-1）。其室内部分是由维约拉设计的。空间形象与圣安德烈教堂相似，平面呈罗马十字形，端部突出一个圣龛，两侧有忏悔室。中厅是很宽敞的筒形拱，十字交叉部分也是帆拱所托起的穹顶，但是整个空间界面的装饰都与圣安德烈教堂截然不同，其中圣坛装饰得富丽而自由，上面的山花突破了古典的做法，装饰着圣像和圆

图3-2-1　耶稣会教堂，意大利，罗马

状的光芒，圣坛上的拱顶是由著名画家高利（Gaulli）绘制的名为《耶稣英明的胜利》的天顶画。画面上描绘着天国的场景，霞光万道，云雾缭绕，天使们飞翔其间，吸引着人间众多的善男信女（图3-2-2）。整幅画由彩绘和灰泥雕塑构成，借此来消除这两个表现媒介物之间的界限，进而给人造成一种错觉，大大增强了立体感和空间感。人置身于教堂中，仰望天顶，仿佛是天窗大开，云似乎在周围飘浮，自己好像也慢慢升腾起来，亲见天堂荣耀的景象。其他拱顶也是在丰富的几何形中间的绘画中悬吊着灰泥雕刻人物，穹顶下的四个帆拱也雕刻着彩色的高浮雕。教堂的墙面分割比例仍使人感觉有一种和谐的秩序美。每侧墙面装饰着带有高浮雕柱头的成对半壁柱，檐部及其他几何形中充满着丰富的泥灰塑成的涡形花纹，表现了一种动感和弹性效果。地面铺装着由红、黄、蓝、白、黑五色大理石镶嵌的丰富多彩的几何图案。

此外，罗马最新奇、最富有想象力的作品是由波洛米尼（Francesco Borromini，1599—1667）设计建造的圣卡罗（St. Carlo）教堂（图3-2-3、图3-2-4）。教堂外立面设计具有强烈的视觉冲击力。正面四柱三间呈波浪形的正立面非常独特，分为高度相同的上下两层，两层的上楣都向前突出，上层檐口中央嵌着一个椭圆形装饰，而下层是完整的檐口，突出了波浪形立面的流动感。在垂直方向两层都以巨柱式来划分，挺拔而有力。柱式构图井然有序，各部分在波浪中各得其所，柱子立在波谷和波峰之间，动静相宜，毫无牵强之感，表现出高超的构图技巧。室内中的16根圆柱分为四组支撑柱的上楣，柱头别具特色，将罗马式的涡卷装饰反转过来，在柱楣上发四个大券，形成了四个内凹的龛，拱肩形成的帆拱支撑着上面的鼓座和椭圆穹顶。穹顶内面装饰着相互联结在

图3-2-2 耶稣会教堂室内天顶画

图3-2-3 圣卡罗教堂，意大利，罗马

图3-2-4　圣卡罗教堂室内穹顶　　　　　　图3-2-5　圣乔万尼教堂入口，意大利，罗马

一起的六边形、八边形、十字形的装饰图案，运用椭圆曲线为整个内外空间营造出波动起伏的效果。

　　罗马圣乔万尼（St. Giovanni）教堂也以鲜明巴洛克风格而著称（图3-2-5、图3-2-6）。

　　在建筑、雕塑和绘画方面都具有惊人造诣的伯尼尼（Bernini，1598—1680），曾主宰罗马艺坛五十多年，他为卡尔那罗（Cornaro）礼拜堂所作的设计，以富有戏剧性的构思和精湛的雕塑作品而名垂千古。礼拜堂内部空间如同一个虚幻迷人的胜境，地面作了石材拼贴镶嵌，穹顶绘有彩色天顶画。其中精美绝伦的是祭坛中的"圣泰瑞莎的狂喜"（Estasy of St. Theresa）的雕塑。在一个装饰得极其繁复浓密并带有山花的圣龛的衬托下，一组纯净洁白的大理石雕像在灯光的照耀下显得栩栩如生。这组雕塑是由女圣徒圣泰瑞莎和小天使两个人组成。传说中的圣泰瑞莎是一个西班牙修女，在一次幻觉中见到了上帝，头柔软地向后仰着，双眼闭拢嘴唇微张，既痛苦又甜蜜的感觉表达得淋漓尽致。在她的面前，站着一个带着翅膀的爱神丘比特小天使，调皮地正把一枝带火的金箭向她的心口刺去。

图3-2-6　圣乔万尼教堂室内

在他们的身后是一束束镀金的金属条，当光线从上面射下来时，金属条就能反射出奇异的金光，寓意太阳的光束。在整个室内设计中，伯尼尼为加强这一情节的戏剧性，又在教堂一侧雕刻圣泰瑞莎一家人，他们好像正坐在包厢里观看和讨论在祭坛上发生的这奇迹般的一幕。卡尔那罗礼拜堂室内设计中的情景不仅被看作是单纯渲染宗教神秘主义思想的作品，而且还具人本主义思想，也反映了人对理想和美好生活的追求（图3-2-7、图3-2-8）。

纳沃纳广场是罗马城中最著名的巴洛克广场，是在公元86年古罗马图密善皇帝所建的一座可以容纳三万人的希腊式体育场的基础上建造起来的，因而平面呈细长的马蹄形。位于纳沃纳广场的"四河喷泉"雕塑是伯尼尼的杰作之一。"四河喷泉"于1651年落成，喷泉中央的主体是一座竖立在陡峭岩石之上的方尖碑，是图密善皇帝从埃及劫来的，方尖碑下的四尊人像分别象征了闻名当时的非洲尼罗河、亚洲恒河、欧洲多瑙河和美洲拉普拉塔河，雕像动势十足，表现力极强（图3-2-9~图3-2-11）。

另外罗马最著名的特莱维（Trevi）喷泉也是伯尼尼的作品。特莱维喷泉又名许愿池。这座喷泉始建于1730年，正式完工用了30多年时间，它采用左右对称结构，在中央立有一尊被两匹骏马拉着奔跑的海神像，海神像背后是侯爵宫殿，左右两边各立有两尊水神像，右边的水神像上有浮雕，浮雕上方有4尊分别代表四季的女像（图3-2-12）。

18世纪初建成的西班牙大台阶，堪称是罗马最有魅力的景观环境。大台阶的周边环境较为复杂，地形也极不规则。山上是圣三一教堂，路口两边有西班牙大使馆等重要的建筑，而且山下是几条街道的交汇处，大台阶在空间上要满足各个方向的视觉效果。大

图3-2-7　卡尔那罗礼拜堂，意大利　　　　图3-2-8　卡尔那罗礼拜堂祭坛

图3-2-9 纳沃纳广场，意大利，罗马　　图3-2-10 纳沃纳广场，意大利

图3-2-11 纳沃纳广场雕塑　　图3-2-12 特莱维喷泉，意大利，罗马

台阶由白色大理石铺成，共138级，分为三段，从山下的街口开始先是一跑宽大的中央台阶，在中途分为左右两跑，再向上又汇合为一跑，最后再向左右分开，直至山顶上的教堂。大台阶设计十分巧妙，无论从哪个方向进入广场，抬头望去台阶好似一帘优美的瀑布，曲折急缓有致地从圣三一教堂倾泻而下（图3-2-13）。

　　凡尔赛王宫（Palace of Versailles）是法国最引人注目、也是欧洲最宏大辉煌的宫殿。它位于巴黎的近郊，宫苑占地面积巨大，规划面积达1600hm²，其中仅花园部分面积就达100hm²，如果包括外围的大林园，占地面积超过6000hm²。围墙长4km，宫苑主要的东西向主轴长约3km，如包括伸向外围及城市的部分，则有14km长（图3-2-14、图3-2-15）。

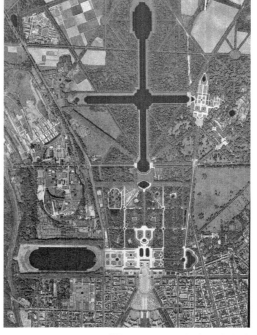

图3-2-13 西班牙大台阶，意大利，罗马　　　　　　图3-2-14　凡尔赛王宫鸟瞰

　　气势磅礴的凡尔赛宫是西方古典主义建筑的代表，这座庞大的宫殿总建筑面积为11万m²。宫顶摒弃了法国传统的尖顶建筑风格而采用了平顶形式，显得端庄而雄浑。宫殿坐东朝西，建造在人工堆起的台地上，南北长400m，中部向西凸出90m，整个王宫布局十分复杂而庞大。南翼是王子亲王的寝宫，北翼为宫廷王公大臣办公机构及教堂剧院等，东面正中面对三合院的一间是路易十四的卧室。宫殿气势磅礴，布局严密。宫殿外壁上端，林立着大理石人物雕像，造型优美，栩栩如生。

　　凡尔赛宫外观宏伟壮观，内部装饰异常豪华，整个王宫有一系列大厅，如马尔斯

图3-2-15　凡尔赛王宫，法国

图3-2-16 凡尔赛王宫镜厅

厅、镜厅和阿波罗厅等等。王宫建筑的外部是古典风格，内部则是典型的巴洛克风格。彩色大理石装饰随处可见，壁画雕刻充满各个房间，枝形灯、吊灯比比皆是。其中最豪华的是镜厅（图3-2-16），它是凡尔赛宫最重要的大厅，由室内设计师勒勃亨设计的，宫廷凡重大仪式均在此举行，许多国际条约也在此签署。大厅长73m、宽9.7m、高13.1m，西面有17扇高大的拱形窗子朝向花园，东面相应地安装了17面拱形大镜子，因此得名镜厅。厅内用白色和淡紫色大理石贴面，壁柱采用绿色大理石，科林斯式柱头与柱础均为铜铸镀金，因为路易十四当时被尊为"太阳王"，故柱头以上饰以展开双翅的太阳作为装饰母题，檐壁上塑着金色的花环和天使，镜前排列着柱式的镀金烛台。拱顶上画着九幅为国王歌功颂德的史迹图，整个大厅金碧辉煌，尤其是到了晚上，舞会开始，贵族男女珠光宝气，厅内灯光闪烁，十分瑰丽壮观。其他诸如征战厅（图3-2-17）、和平厅、礼拜厅以及国王厅（图3-2-18）等室内设计也十分瑰丽豪华。

图3-2-17 凡尔赛王宫征战厅　　图3-2-18 凡尔赛王宫国王厅

凡尔赛宫园林从1662年开始建造，到1688年大致建成，历时26年之久，其间边建边改，有些地方甚至反复多次，力求精益求精（图3-2-19～图3-2-23）。

宫殿的正宫前面是一座风格独特的大花园，其中有一条自宫殿中央向西延长达3km的中轴线，大小道路都是笔直的。整个大花园完全是人工雕琢的，极其讲究对称和几何图形化。近处两个巨型喷水池，600多个喷头同时喷水，形成遮天盖地的水雾，在阳光下展现为绚丽的彩虹。水池边伫立着100尊娇美婀娜的女神铜像。20万棵树木环绕着如茵的草坪和旖旎的湖水。各式别具匠心的花坛，布局和谐、错落有致。园林中还开凿了一条引自塞纳河水的16km长、60m宽的运河。

凡尔赛宫有一座母神喷泉，是个五层同心圆的大理石水池，喷泉内有海龟、青蛙等雕塑，簇拥着中央最高处的太阳神之母的雕像。雕像高贵典雅、栩栩如生，她一手护着幼小的阿波罗，一手在遮挡四周向她喷来的水柱。水柱是从周围圆台上的六只青蛙雕像的口中喷射出来的。

从母神喷泉向西，沿中轴线延伸着一块绿毯般的长330m，宽36m巨大草地，草地两侧矗立着以神话中的人物为主人公的石雕。石雕之外是名为"小林园"的景区，一共有12个，都被树木密密围住。每区有一个主题，或者是水剧场或者是环廊，还在一个人造的假山洞里面安置几组雕像，表现太阳神阿波罗巡天之后与仙女们憩息嬉游的情景。

图3-2-19　凡尔赛王宫水坛

图3-2-20　凡尔赛王宫柑橘园

图3-2-21　凡尔赛王宫太阳神阿波罗水池，法国

图3-2-22　凡尔赛王宫拉托娜喷泉　　图3-2-23　凡尔赛王宫石亭

在大草地的西端是一个更大的水池，这就是著名的太阳神阿波罗水池。碧波荡漾的水池中央有一座太阳神阿波罗驾驶着骏马在水上疾速奔驰的雕像，此外还有几位升出水面的女神雕像，她们坐在一辆由三匹马拉的四轮马车上。骏马高昂嘶鸣，太阳神英姿勃发，整个雕塑辉煌壮丽。池水倒映着蓝天白云，绿影婆娑，水池与花园里的运河相连。再远处是一片浓密的树林，郁郁葱葱，被称为"大林园"。

17世纪是法国王权极盛时期，建筑及园林设计与绘画、雕刻一样，都是为巩固和宣扬王朝的光荣而进行创作。从整个法国来看，这时主要为宗教服务的巴洛克风格有一定影响，但仍不是主流，古典主义在这个时期才是主旋律。17世纪下半期另一个重要建筑是卢浮宫，它的建筑也明显受到巴洛克风格的影响（图3-2-24）。

奥地利麦尔克修道院（monastery of melk）以雄伟壮观的设计充分体现了巴洛克风格（图3-2-25）。修道院高踞于多瑙河畔的岩石上。内部空间尤为优雅富丽，设计师打破了理性的束缚，用生动多变的手法和令人惊奇的装饰创造出一个充满世俗情感、欢快奇异的宗教环境。天顶中的天使们在演奏着欢快的乐曲，一些天使雕像或在圣坛上或在二层的唱经室里。一切似乎都在活动、飞舞，甚至连墙壁似乎也在欢乐的气氛中摇摆（图3-2-26）。

16世纪末西班牙流行"无花纹风格"，即具有古典主义的特点并强调无装饰。进入17世纪时，在巴洛克风格的影响下，西

图3-2-24　卢浮宫，法国，巴黎

图3-2-25 麦尔克修道院,奥地利　　　图3-2-26 麦尔克修道院室内

班牙室内设计越来越富有装饰性,到后来这种装饰性和夸张的特点成为建筑及内部设计的主要特征,甚至走向极端化。位于托莱多的托莱多(Toledo)大教堂的"透明祭坛",有一种巴洛克与哥特式混合的特点,即教堂内部空间造型有明显的哥特式特点,而"透明祭坛"却可以说是巴洛克风格设计的极品(图3-2-27)。

位于布吕尔的布吕尔(Bruhl)宫以其缤纷璀璨、富丽华美的楼梯厅设计而成为巴洛克风格的经典之作。整个大厅是由一部两跑平行楼梯构成,主跑楼梯前两侧各设计了一对纹理精美的石柱,其后侧是四组圆雕。另外两跑楼梯底部充满了浮雕,墙面的造型依然是端庄严谨的古典构图规则,然而不同的是几何形内充斥着繁复的藤蔓石膏花饰,神态各异的高浮雕也随处可见,整个空间既有宏阔华丽之势,又不失袅娜迷人的柔美丰韵,在奢丽之中流露出清新的景象(图3-2-28~图3-2-30)。

图3-2-27 托莱多大教堂的"透明祭坛",西班牙(左)

图3-2-28 布吕尔宫,德国(右)

图3-2-29　布吕尔宫室内　　　图3-2-30　布吕尔宫花园

第三节　洛可可

　　法国从18世纪初期逐步取代意大利的地位而再次成为欧洲文化艺术中心，主要标志就是洛可可建筑风格的出现。洛可可风格是在巴洛克风格基础上发展起来的一种纯装饰性的风格，而且主要表现在室内装饰上。它发端于路易十四（Louis XIV）晚期，流行于路易十五（Louis XV）时期，因此也常常被称作"路易十五"式。洛可可（Rococo）一词来源于法语，是岩石和贝壳的意思，旨在表明其装饰形式的自然特征，如贝壳、海浪、珊瑚、枝叶和卷涡等。洛可可也同"巴洛克"一样，是18世纪后期用来讥讽某种反古典主义的艺术的称谓，直到19世纪才同"哥特式"和"巴洛克"一样受到同等看待而没有贬义。

　　17世纪末18世纪初，法国的专制政体出现危机，对外作战失利，经济面临破产，社会动荡不安，王室贵族们便产生了一种及时享乐的思想，尤其是路易十五上台后，更是过着奢侈荒淫的生活，他要求艺术为他服务，成为供他享乐的消遣品。这时那种壮丽、严肃的标准和深刻的艺术思想已不能满足他们的要求，他们需要的是更妩媚且更柔软细腻，而且更琐碎纤巧的风格来寻求表面的感观刺激，因此在这样一个极度奢侈和趣味腐化的环境中产生了洛可可风格。

　　洛可可艺术的成就主要表现在室内设计与装饰上，它具有鲜明的反古典主义的特点，追求华丽、轻盈、精致、繁复的艺术风格。具体的装饰特点有以下方面。

　　1）在室内排斥一切建筑母题，过去用壁柱的地方改用镶板或镜子，四周用细巧复杂的边框围起来。凹圆线脚和柔软的涡卷代替了檐口和小山花，圆雕和高浮雕换成色彩艳丽的小幅绘画和浅浮雕。并且浮雕的轮廓融进底子的平面之中，线脚和雕饰都是细细的、薄薄的，总之装饰呈平面化而缺乏立体性。

　　2）装饰题材趋向自然主义，最常用的是千变万化地舒卷着、纠缠着的草叶。此外还有贝壳、棕榈等，为了模仿自然形态，室内部件往往做成不对称形状、变化万千，但有时也流于矫揉造作。

3）惯用娇艳的颜色，常选用嫩绿、粉红、玫瑰红等，线脚多为金色的，顶棚往往画着蓝天白云的天顶画。

4）喜爱闪烁的光泽，墙上大量镶嵌镜子，悬挂晶体玻璃的吊灯，多陈设瓷器，壁炉用磨光的大理石，特别喜欢在镜前安装烛台，造成摇曳不定的迷离效果。

由柯特（Cotte，1656—1735）在巴黎设计的图鲁兹（Toulouse）府邸的"黄金广厅"是洛可可早期的代表性作品。其虽然多少还有路易十四时代宫廷风格中那种笨重的豪华，但却增添了华丽可亲的东西。长方形客厅的四角是以平缓的曲面包围，充满金饰的墙面被连续的拱形窗分割开，中间的隔柱突出了柱本身的浮雕装饰，而几乎令人感觉不到柱子的重量感。顶棚也是由曲面构成的，上面画满具有欢快情调的天顶画。在大厅的入口处和相对的另一面墙上方的楣沿处，是用金色的儿童和女性人体雕刻及花饰装饰，这些雕刻装饰与墙面及天顶壁画有机地联系在一起。

另一个具有代表性的洛可可室内设计是巴黎的苏比兹（Soubise）公馆椭圆形客厅。这是一座上下两层的椭圆形客厅，下层是供苏比兹公爵使用，上层是供他夫人使用，上层的客厅尤其引人注目。整个椭圆形房间的壁面被8个高大的拱门所划分，其中4个是窗，一个是入口，另外3个拱也相应做成镜子装饰。顶棚与墙体没有明显的界线，而是以弧形的三角状拱腹来装饰，里面是绘有寓言故事的人体画，画面上缘以横向展开连接成波浪形，再上是由金色的草茎蜗纹线装饰，以及整个嬉戏的裸体儿童的高浮雕与穹形顶棚自然地连接起来，这些活泼的儿童雕像又同三角状拱腹下面的一对儿童浮雕联系和呼应。拱门边缘墙面中流畅的线条造型都饰满耀眼的金色，和淡雅的白色及浅蓝色的顶棚形成一种典雅与宁静的色调。从这个客厅可以看到，不论是墙面还是空间都被柔和的曲线主宰着，使人忘记了室内空间界面的分界线，一切都绘画化了，线条、色彩和空间结构浑然一体（图3-3-1）。

图3-3-1　苏比兹公馆室内，法国，巴黎

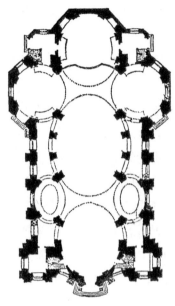

图3-3-2 威尔
参里根教堂平面
（左）

图3-3-3 威尔参
海里根教堂，德国
（右）

　　17世纪意大利的巴洛克风格影响着法国的建筑，法国洛可可式风格反过来又广泛地影响着18世纪的欧洲其他国家设计风格的发展。然而在洛可可式宗教建筑方面，法国明显不占有优势，而真正的洛可可式教堂产生在德国的南部并达到顶峰，威尔参海里根（Vierzehn heiligen）教堂便是最负盛名的一座。整个教堂十字形平面是由七个大小不等的椭圆形组成，没有传统的侧廊，空间是开敞和相互渗透的。圣坛坐落在中部一个很大的椭圆中间，中央形成一个中厅，两侧分别是两个较小的椭圆，其中一个形成唱诗席，另一个是教堂的入口和门厅，而且这个椭圆又稍膨胀到外立面上。十字平面的两翼上的小礼拜堂是两圆形，另外柱敦和两边墙体的曲线之间暗示着两个小椭圆。十字交叉处的顶棚并不是通常的穹顶，而是四个椭圆的交汇处。在装饰上则是在白底上饰有浓重的金色藤蔓一样的曲线图案，八个类似于科林斯柱式的柱子环绕的中厅中，是一个高高的充满繁复细密人物雕刻的祭坛（图3-3-2～图3-3-4）。

　　位于德国巴伐利亚的奥顿布伦（Ottobeuren）修道院和慕尼黑的尼波姆克（Johannes Nepomuk）教堂是德国甚至欧洲登峰造极的洛可可风格的作品。其空间处理及装饰特点借鉴巴洛克设计手法，打破了建筑空间与雕刻和绘画的界限，使它们互相渗透融为一体。其中奥顿布伦（Ottobeuren）修道院空间以白色为主，金色和黄色点

图3-3-4 威尔参海里根教堂祭坛

级，色泽柔和亮丽，造型图案仍是崇尚自然的曲线趣味，绘画和雕刻中的人物富有戏剧性和飘逸性的特点（图3-3-5～图3-3-8）。

此外，德累斯顿的茨威格宫（Zwinger，图3-3-9）和费斯堡宫（Wurzburg）也是以鲜明的洛可可外部形象而著称（图3-3-10～图3-3-12）。

图3-3-5 奥顿布伦修道院，德国，巴伐利亚

图3-3-6 奥顿布伦修道院室内

图3-3-7 奥顿布伦修道院室内天顶

图3-3-8 尼波姆克教堂，德国，慕尼黑

图3-3-9 茨威格宫，德国，德累斯顿　　　　　　　图3-3-10 费斯堡宫，德国，德累斯顿

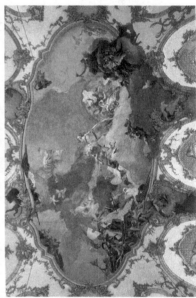

图3-3-11 费斯堡宫室内　　　　　　　　　　　　图3-3-12 费斯堡宫室内天顶

　　阿马林堡（Amalienburg）别墅通常被视为典型的德国洛可可世俗建筑。内部的椭圆形大厅是一个金光灿烂的神奇空间，墙立面也是窗户和大镜子相间，顶棚与墙面的交接处是横向展开的波浪形，使空间柔和而有动感，镀金的天使、花草、乐器的浮雕组合得疏密有致。大镜子折射出室内中斑斓的一切，造成一种安逸和迷醉的幻境（图3-3-13）。

　　洛可可风格在一定程度上反映了没落贵族的审美趣味和及时行乐的思想，表现出的是一种快乐的轻浮，因此总体上说格调是不高的，但是洛可可的装饰风格的影响也是相当久远的。

　　另外，洛可可风格在家具及室内陈设方面成就也很高。洛可可家具摆脱了文艺复兴式家具的特征，而成为一种极其豪华的式样。洛可可式家具以回旋曲折的贝壳曲线和精细纤巧的雕饰为主要特征。桌椅的造型的基调是凸曲线，弯脚成为当时的唯一形式，很

图3-3-13 阿马林堡别墅，德国　图3-3-14 洛可可家具及室内陈设

少用交叉的横撑，装饰题材除海贝和椭圆形外，还有花叶、果实、绥带、涡卷和天使等，组成了华丽纤巧的图案，洛可可家具最大的成就是将最优美的形式和尽可能舒适的效果灵巧地结合在一起。在材料上除紫檀、黑檀之外，也往往选用椴木、花梨木、红木、紫罗兰等贵重木材。在制作工艺上除金属加工，还包括不同木材的调配，以及在不同的部位缀饰大理石、摩洛哥皮或织棉，来自中国的漆工艺更是被广泛地应用着（图3-3-14）。

　　洛可可时期的室内陈设品及工艺品在18世纪的艺术中格外引人注目，作为装饰陈设也是室内设计的有机组成部分，不仅起到装饰美化环境的作用，同时也极大地增强了洛可可的艺术氛围。壁毯在当时都是由织毯厂制作生产的，内容是将绘画纳入其装饰体系，大多采用爱情题材，但也有一些带有东方异国情调和田园牧歌风情的壁毯。绢织品可以说是洛可可工艺的杰出成就之一，主要用作上流社会室内中的壁饰和椅子坐面、背面以及扶手上，为室内空间增加了典雅和柔美的气氛。随着中国陶瓷的引进，瓷器急速传播很快遍及欧洲。瓷器分两种：真瓷和软瓷，其独特有趣的造型和精巧的制作工艺成为室内空间中赏心悦目、不可缺少的陈设品。此外一些烛台等金属工艺品也都反映出优美自然的洛可可趣味。

第四节　古典主义

一、新古典主义

　　18世纪中叶以法国为中心，掀起了"启蒙运动"的文化艺术思潮，也带来了建筑领域的思想解放。同时欧洲大部分国家对巴洛克、洛可可风格过于情绪化的倾向感到厌倦，加之考古界在意大利、希腊和西亚等处古典遗址的发现，促进了人们对古典文化的推崇。因此，首先在法国再度兴起以复兴古典文化为宗旨的新古典主义

（Neoclassicism）。当然，复兴古典文化主要是针对衰落的巴洛克和洛可可风格，复古是为了开今，通过对古典形式的运用和创造，体现了重新建立理性和秩序的意愿。由此，这一风格广为流行，直至19世纪上半叶。

在建筑设计上，新古典主义虽然以古典美为典范，但重视现实生活，认为单纯、简单的形式是最高理想。强调在新的理性原则和逻辑规律中，解放性灵，释放感情。在空间设计上有这样一些具体特点：首先是寻求功能性，力求厅室布置合理；其次是几何造型再次成为主要形式，提倡自然的简洁和理性的规则，比例匀称、形式简洁而新颖；其次是古典柱式的重新采用，广泛运用多立克、爱奥尼、科林斯柱式，复合式柱式被取消，设在柱础上的简单柱式或壁柱式代替了高位柱式。

新古典主义虽然产生于法国，然而即使是巴洛克、洛可可风格最兴盛的时期，古典主义也没有销声匿迹。在远离大陆很少受影响的英国更是如此，而且英国的设计风格从巴洛克向新古典主义过渡的时候，中间超越了洛可可阶段，因此相对来说古典主义在英国成熟比较早。而圣保罗大教堂（St. Paul's Cathedral）可以代表这一时期英国的古典主义成就。圣保罗教堂是英国国家教会的中心教堂，始建于1675年，由英国王室建筑师克里斯托弗·雷恩设计，以取代原哥特式的教堂。雷恩最初设计为一个八角形集中式平面，由于教会的干预，改成了罗马十字形，在西面强加一个巴西利卡大厅，结果它的命运几乎同罗马圣彼得大教堂一样。虽然在平面上还是传统的罗马十字形布局，但在空间形象塑造上却洗炼脱俗、耐人寻味。十字形的教堂平面，纵轴156.9m、横轴69.3m。十字交叉的上方矗有两层圆形柱廊构成的高鼓座，其上是由石材砌就的最具特色的中央圆形穹顶，这是整个教堂最突出的形象。其内径达30余米，体量庞大的穹顶结构看起来十分轻盈。前后两个巴西利卡大厅的顶棚分别是三个小穹顶，既简洁又形成很强的秩序感，而且又与中央穹顶相呼应，从而在变化中取得统一和谐的效果。

圣保罗大教堂其整体建筑设计优雅、完美，内部静谧、安详，不仅外观恢宏，内部也装饰得金碧辉煌，美轮美奂，反映出它作为英国皇家大教堂的气派。大厅内部立面的形体组合，比例匀称，造型简洁而得体，连续拱之间是一个垂直科林斯半壁柱与上部是两道檐部的水平分割形成的对比，同时又以柱头和柱帽加以缓和，减弱了水平与垂直的强烈冲突。另外设计上综合了某些巴洛克风格奔放华丽的因素，装饰构件的形体明确而考究，有较强的雕塑感，而不像洛可可风格那样形体界线混浊模糊。教堂内部总长141.2m，巴西利卡大厅宽30.8m，穹顶最高65.3m，十分宏大开阔，整个空间洋溢着理性的激情，同时也充分体现了严格、纯净的古典精神（图3-4-1～图3-4-5）。

图3-4-1　圣保罗大教堂，英国，伦敦

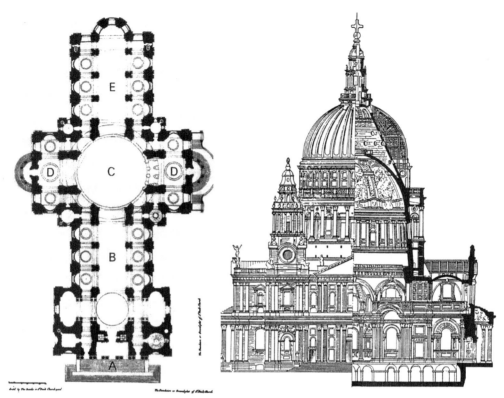

图3-4-2　圣保罗大教堂平面

图3-4-3　圣保罗大教堂剖立面图

图3-4-4　圣保罗大教堂及周围环境

图3-4-5　圣保罗大教堂室内

　　伦敦附近的西昂府邸（Syon House）也是一个比较典型的新古典主义作品，其中府邸的大厅对后来的厅堂设计产生了广泛的影响。大厅是比较高敞的四方形，墙面被较宽的檐楣分成上下两部分。檐楣凸出的部分下面是由绿色大理石立柱支承，上面是金饰的人物雕像。所有线脚、柱头、雕饰都镀以金饰，地面的图案同顶棚的几何形相对应，嵌以华丽的图案（图3-4-6）。整个空间方正严整中不失瑰丽浪漫。

　　由意大利设计师查理·伯瑞（Charles Barry）设计的伦敦"改革俱乐部"（The

图3-4-6　西昂府邸，英国，伦敦　　　图3-4-7　"改革俱乐部"，英国，伦敦

Reform Club）的室内设计以优雅理性和品质高贵而赢得赞誉（图3-4-7），特别是其巨大的中庭已成为这一时期各种建筑中反复出现的主题。

　　法国的新古典主义设计师大部分是在罗马培养出来的，苏弗罗（Jacques-Germain Soufflot，1713–1780）便是其中杰出的一位，巴黎的圣日内维也夫（St. Genevieve）教堂就是其代表作品（图3-4-8）。该教堂由于前面有一个古罗马神庙的门廊，因此又名巴黎万神庙，是鲜明地体现新古典主义思潮的重要作品。苏弗洛曾多次到意大利考察，对古代和文艺复兴风格的了解是可想而知的，圣日内维也夫教堂设计不仅综合了从古希腊、古罗马的神庙到圣彼得大教堂的设计成果，而且又吸收了哥特式的结构和形式因素。他的学生曾说过，"老师的设计立意是把哥特式的轻快同古希腊的明净和庄严结合起来。"整个教堂呈对称的希腊十字形，最有特色的是十字的两翼，都是五廊的巴西利卡式，其中大厅与侧廊分界不是连续的拱廊，而是通过四级踏步划分。整个空间虽然通过侧廊的层层划分，但通透性强，造成隔而不断的流

图3-4-8　圣日内维也夫教堂，法国

图3-4-9　圣日内维也夫教堂室内

图3-4-10　威尔顿宫室内，英国

动感。同时也通过柱与各界面的围合划分，避免一览无余的视觉感。顶棚分别是五个穹顶，它们之间以筒形拱过渡连接，使空间开合有度。另外空间围护体各界面要素的虚实构成也比较明显，通过虚实互换的空间形象，取得了局部空间与整个空间的和谐。在装饰上各界面构件造型，如帆拱、筒形拱顶均采用规整的几何形，严谨而有分寸，细部极其精致。各部位的线脚、檐壁涡形浮雕图案等都清晰明确，毫不含糊。浮雕、壁画、圆雕合理分布于恰当的位置，从而使空间具有鲜明的人文主义色彩。地面的蓝灰色大理石呈放射状镶嵌，紧紧与顶棚相呼应，整个内部结构严密紧凑，空间形象优雅壮丽，堪称新古典主义典范（图3-4-9）。

此外，美轮美奂的英国威尔顿宫内部装饰可以说是新古典主义的经典之作（图3-4-10）。

二、浪漫主义

在西欧艺术发展中，1789年的法国大革命是一个转折点，此后对艺术乃至生活的观念经历了一场深刻的变化。由于这场社会变革而出现了一种思想，即关于艺术家个人的创造性及其作品的独特性。这表明艺术的新时期已经到来，因此代表着进步的、推动历史前进的浪漫主义（Romanticism）便应运而生了。

18世纪下半叶，英国首先出现了浪漫主义建筑思潮，它主张发扬个性，提倡自然主义，反对僵化的古典主义，具体表现为追求中世纪的艺术形式和趣味非凡的异国情调。由于它更多地以哥特式建筑形象出现，又被称为"哥特复兴"。

图3-4-11　英国议会大厦，英国，伦敦

由设计师查理·伯瑞设计的英国议会大厦（Houses of Parliament），一般被认为是浪漫主义风格盛期的标志。原设计也是古典主义风格的，但在英国王室的倡议下，将其改为哥特复兴式，原因是亨利五世曾一度征服过法国，采用这种风格有民族的和政治的原因。议会大厦建筑按功能布置，条理分明、构思浑朴，被誉为具有古典主义内涵和哥特式的外衣。建筑细部和室内是由帕金（Pugin）设计的。平面布局狭长，正中是八角形中厅，上面耸立着高达91m高的采光塔。从中厅向南可通上议院，其内部设计更多地流露出玲珑精致的哥特风格，尤其是立面通过对于体积、比例上的精巧平衡以及轮廓明晰的细节传达出一种哥特式设计风格所特有的艺术魅力（图3-4-11～图3-4-14）。

19世纪初，一些浪漫主义建筑运用了新的材料和技术，这种科技上的进步，对以后的现代风格产生很大的影响。最著名的例子是由拉布鲁斯特设计的巴黎国立图书馆。该图书馆采用新型的铁结构，在大厅的顶部由铁骨架采用帆拱式的穹窿构成，下面以铁柱支撑。铁制结构减少了支撑物的体积，使内部空间变得宽敞和通透，结构也显得灵巧轻盈。圆的穹顶和弧形拱门起伏而有节奏，给人以强烈的空间感受。同时，为了保留对传统风格的延续，设计在适当的部位作了古典元素的处理，如铁柱的下部加了水泥柱基并在拱门上做了一圈金属花饰环带（图3-4-15）。

19世纪末具有划时代意义的铁造建筑物就是巴黎的象征——埃菲尔铁塔，这是为庆祝世界博览会在巴黎举行，于1887年动工修建的一座世界著名的钢铁建筑。铁塔的设计

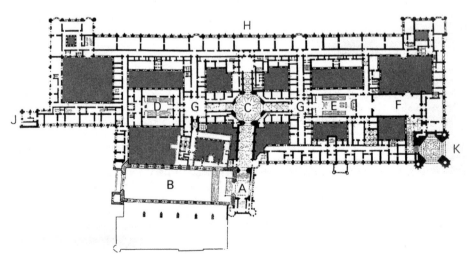

图3-4-12　英国议会大厦平面

图3-4-13 英国议会大厦"大笨钟"

图3-4-14 英国议会大厦室内

建造者是法国工程师埃菲尔（G. Eiffel），铁塔也因此而得名。铁塔高达320m，塔基占地面积为1万m^2，有四个混凝土浇灌而成的厚实塔墩，塔身全为钢架镂空，它由250万个铆钉和18000个金属部件安装而成，重达7000t。埃菲尔铁塔共分三层，第一层高57m，有钢筋混凝土的四座大拱门；第二层离地面115m；第三层离地面276m。埃菲尔铁塔向人们展示了新的建筑形式，外观优美，震撼人心。它以巍峨挺拔的气势打破了几千年来用石头作为建筑材料的主流地位，也打破了传统建筑的束缚（图3-4-16）。

图3-4-15 巴黎国立图书馆，法国

图3-4-16 巴黎埃菲尔铁塔，法国

18世纪下半叶到19世纪的浪漫主义运动还表现在与帕拉第奥主义建筑相配合的英国"风景庭园"（Landscape Garden）的兴起上。

英国的"风景庭园"自然式风景园的出现改变了欧洲由规则式园林统治的长达千年的历史，这是西方园林艺术领域内的一场深刻的革命。风景园的产生与形成，同当时英国的文化艺术等领域中出现的各种思潮以及美学观点有着密切的关系。当时的诗人、画家、美学家中兴起了尊重自然的理念，他们将规则式花园看作是对自然的歪曲，而将风景园看作是一种自然感情的流露，这为风景园的产生奠定了理论基础。

除此以外，英国的自然地理及气候条件也对风景园的形成起到一定的作用。当欧洲大陆兴起法国式造园热时，英国受到影响很小。究其原因，一方面是由于英国人固有的保守性，另一方面，在英国丘陵起伏的地形上，要想营造法国式园林那样宏伟壮丽的效果，必须大力改造地形；同时，在英国多雨潮湿的气候条件下，植物自然生长十分有利，草坪、地被植物无需精心管理就能取得很好的效果，而修剪整形植物的维护却要花费更多的劳力。另外，中国园林艺术也在一定程度上促进了英国风景园的形成。

最初，伯林顿和肯特在设计奇兹威克府邸时，就开始考虑与建筑相适应的园林的风格。受启蒙主义思想影响，肯特摒弃了传统的在他们看来是"违背天理"的几何规则式造园法则，效法法国画家洛兰（C. Lorrain）所画的风景画，开始有意追求"如画"般的自然野趣和意境，创造了被称为"风景庭园"的自然主义造园新法。

斯托海德庄园（Stourhead）位于威尔特郡，在索尔斯伯里平原的西南角。园内有一连串近似三角形的湖泊。湖中有岛、有堤，周围是缓坡、土岗，岸边或是伸入水中的草地或是茂密的丛林；沿湖道路与水面若即若离，有的甚至进入人工堆叠的山洞中，水面忽宽忽窄，或如湖面或如溪流，既有水平如镜，又有湍流悬瀑，动静结合，变化万千。

在湖岸上，林木完全按照自然的形态生长，间或有小片的空地。沿岸设置了各种园林建筑，有亭、桥、洞窟及雕塑等，它们位于视线焦点上，互为对景，在园中起着画龙点睛的作用（图3-4-17～图3-4-19）。

牛津郡的布仑海姆（Blenheim）庄园，是由有风景庭园艺术之王之称的布朗（L. Brown，1715—1783）设计的，他设计建造了数十座风景如画的园林，极大地改变了英国乡村的面貌，布仑海姆庄园就是众多作品中最宏大的一处。最

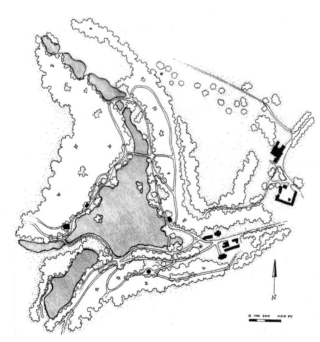

　图3-4-17　斯托海德庄园总平面图

初，布仑海姆宫殿建筑还保留了传统的规则、对称和笔直的中轴线的做法。布朗接手后，彻底摒弃了庄园中几何分布的道路和轴线，在河谷上筑起了水坝，使水面扩展到足以与庞大的宫殿相衬的面积，并完全呈自然的不规则形态扩展，引入了自然如画的荒野景观。在山坡上，布朗清除了一切影响自然形态的人工构筑物，种植了成片的树林，精心安排的小道顺应地势自由地在宁静的湖边和茂密的林间伸展（图3-4-20）。

图3-4-18　斯托海德庄园，英国，威尔特郡

图3-4-19　斯托海德庄园，英国，威尔特郡

图3-4-20　布仑海姆庄园，英国，牛津郡

　　英国的自然式风景园对中国园林的借鉴集中体现在邱园（Royal Botanic Gardens, Kew）。威尔士亲王腓特烈（Freaderick）自1731年开始在邱宫（Kew House）邱园建造了一些当时十分流行的中国式样的建筑，如中国塔、孔庙、清真寺、岩洞、废墟等，这些人工景点后大多被毁，仅塔和废墟保留至今。这些建筑标志着东方园林趣味对英国园林的影响。不过，按照中国的传统，宝塔层数一般为奇数，而邱园的塔却是10层，这也说明当时在英国园林中只不过是模仿了中国园林一些零星的建筑物，如亭、桥、塔以及假山山洞等，满足一些人的猎奇心理而已（图3-4-21）。

　　最浪漫的哥特复兴建筑非德国巴伐利亚的新天鹅城堡（Neuschwanste）莫属，它堪称世界上最美轮美奂的城堡（图3-4-22）。它是由有"童话国王"之称的巴伐利亚国王路德维希二世（LudwigⅡ）于1869～1886年建造的。这位生不逢时的国王仍旧沉浸在已经成为历史的君主时代的梦幻中，为此，他不惜重金在景色迷人的阿尔卑斯山中建造了这座具有浓郁浪漫色彩的城堡。天鹅城堡建筑形象造型优美，古典清雅，内部更是富丽堂皇，极尽华美，充满了梦幻与华丽的格调。整个城堡在山峦云雾掩映下，如梦似幻，风姿绰约，又如清丽高雅的白天鹅，俏立蓝天之下，振翅欲飞。

三、折中主义

　　折中主义从19世纪上半叶兴起，流行于19世纪并延续到20世纪初。其主要特点是追求形式美，讲究比例，注意形体的推敲，没有严格的固定程式；任意摹仿历史上的各种风格，或对各种风格进行自由组合。由于时代的进步，折中主义反映的是创新的愿望，促进新观念新形式的形成，也极大地丰富了建筑文化的面貌。

　　折中主义以法国为典型，巴黎美术学院是当时传播折中主义的艺术中心。这一时期重要的代表作品是巴黎歌剧院。巴黎歌剧院是当时欧洲规模最大、室内装饰最为豪华的歌剧院，其建筑将古希腊罗马式柱廊、巴洛克等几种建筑风格完美地结合在一起，其规模宏大、精美细致、金碧辉煌。它是由设计师查尔斯·加尔涅（Charles Granier,

图3-4-21　邱园，英国　　　　　　　　图3-4-22　新天鹅城堡，德国，巴伐利亚

图3-4-23 巴黎歌剧院，法国　　　　　　　图3-4-24 巴黎歌剧院室内门厅

1825—1898）设计的。歌剧院的修建主要是为了满足法国巴黎新兴的贵族享受和文化上的需要。经过10多年的建设巴黎歌剧院建成，总面积达到1.1万m²。巴黎歌剧院的外观分为3个层次，王冠形穹顶、三角形山墙和正立面的柱廊。主建筑的4个顶角是4个完全相同的塑像，它们环绕着一个半圆形的穹顶，而穹顶最上方还端立着一个皇冠一样的小顶，好像给歌剧院戴上了金光闪烁的帽子。穹顶下方，歌剧院的正面是一排宏伟的柱廊，构图基本上模仿了卢浮宫的东廊，上面雕刻着精美的卷曲草叶花纹装饰。从前方大街上不同距离处望去，都能看到歌剧院相当完整的轮廓。

巴黎歌剧院马蹄形多层包厢剧院，共有2150个座位，分布在池座和周边的包厢内，池座宽20m、深28.5m，后半部每排升起一阶，包厢大多进深比较大，分前后两间，后间是休息室。整个观众厅富丽堂皇，到处是巴洛克雕塑、绘画和装饰，顶棚是顶皇冠。观众厅的外侧也是一个马蹄形休息廊。它的舞台比较完善，宽32m、深27m，上空高33m。剧院内平面功能、视听效果、舞台设计都处理得十分合理、完善，反映了19世纪成熟的设计水平。剧院的楼梯厅是由白色大理石制成的，构图非常饱满，是整个空间艺术处理的中心，也是交通的枢纽，在装饰上也是花团锦簇、珠光宝气，富丽异常（图3-4-23～图3-4-26）。

约翰·索阿那府邸（Sir John Soane's house）是折中主义比较成功的作品。它的内部设计融合了古埃及、中世纪等各种风格创造出来的作品。其中小餐厅的室内设计是整个作品的代表。餐桌、椅子都具有古埃及的简朴，顶部还带有拜占庭式的帆拱特色（图3-4-27）。

图3-4-25 巴黎歌剧院室内楼梯厅

图3-4-26　巴黎歌剧院观演厅　　　　　图3-4-27　约翰·索阿那府邸室内，英国

第五节　中国明清

一、宫殿和庙坛

北京故宫也称紫禁城（Palace in Forbidden City），是世界上现存规模最大、保存最完好的古代木结构建筑群。故宫是明清两代的皇宫，被人们称作"殿宇的海洋"。北京故宫始建于明永乐四年（公元1406年），历时14年才完工，共有24位皇帝先后在此登基。

故宫整体布局为"前水后山"型。"前水"指的是天安门前的外金水河及太和殿前的金水河，"后山"指的是人工堆成的土山，即景山。故宫占地72万m²，建筑面积为15万m²，共有宫殿9000多间，都是木结构、黄琉璃瓦顶、青白石底座，饰以金碧辉煌的彩画。故宫是一座长方形的城池，南北长961m，东西宽753m，四周有高10m的城墙围绕。城墙四边各有一门，南为午门、北为神武门、东为东华门、西为西华门。城墙的四角有四座设计精巧的角楼（图3-5-1、图3-5-2）。

中国的建筑强调中轴线布局，故宫是其中的典范，为了突出帝王至高无上的权威，故宫所有的建筑，都严格按照对称的原则，沿着一条南北走向、贯穿宫城的轴线排列。整个建筑群按使用性质分外朝和内廷两区，按中轴线对称地分布在大小院落中，以太和殿、中和殿和保和殿为主的外朝是颁布大政、举行集会和仪式以及办事的行政区，内廷以乾清宫、交泰殿和坤宁宫为主，是皇帝及其家庭的生活居住区。

太和殿是故宫中最为巍峨、壮丽的建筑，它坐落在故宫里的太和广场上（图3-5-3）。从故宫正门进入，穿过午门，就是太和广场。广场呈正方形，是紫禁城里最大的广场，占地面积约6.5万m²。广场南边靠近午门有一条金水河，河上架着5座石桥。正对着金水河在广场北部，在三层汉白玉须弥座台基之上耸立着巍峨壮观的太和殿。台基共分为三层，每层都有精美的汉白玉石护栏，护栏的望柱上雕有云龙云凤的图案。台基的南面有3座汉白玉石阶，正中央的石阶称为"御路"，是专供皇帝登临使用的。

太和殿面阔11开间，共长60m，进深5间共33.3m，从地面到殿顶高约37m，

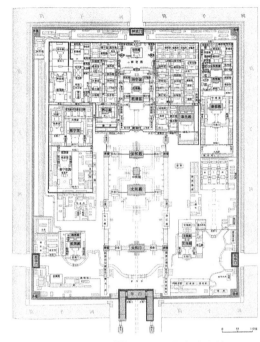

图3-5-1 北京故宫总平面图

是中国现存的古建筑中开间最多、进深最大的一座大殿，也是世界现存最大的木结构宫殿建筑（图3-5-4）。太和殿为重檐庑殿的建筑样式，屋顶上铺着皇家专用的黄色琉璃瓦。整个大殿金碧辉煌，庄严绚丽（图3-5-5）。明清两代皇帝即位、大婚、朝会、命将出征等仪式都在这里举行。殿内设七层台阶的御座，环以白石栏杆，上置皇帝雕龙金漆宝座，座后为七扇金屏风，左右有宝像、仙鹤。殿中矗立6根蟠龙金漆柱，高约13m，直径1.06m。殿顶正中下悬金漆蟠龙吊珠藻井。整个大殿的装修金碧辉煌，同时又不失庄重肃穆，给人一种很强的威慑力。中和殿的内部设计比起太和殿要朴素平实得多，4根棕红色漆柱顶起暗绿的天花，地面设地平床，上设宝座，下设金鼎和薰炉。

图3-5-2 北京故宫，中国

图3-5-3 故宫太和殿

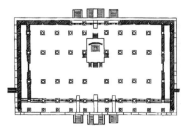

图3-5-4　北京故宫太和殿平面图

图3-5-5　北京故宫太和殿室内

　　故宫的内廷，以乾清宫、交泰殿、坤宁宫为中心，东西两翼有东六宫和西六宫，是皇帝平日办事和后妃居住生活的地方。后半部在建筑风格上同于前半部。但内廷更富有生活气息，建筑多是自成院落，有花园、书斋、馆榭、山石等。在坤宁宫北面的是御花园，园里有高耸的松柏、珍贵的花木、山石和亭阁（图3-5-6）。

　　内廷中的乾清宫是明朝皇帝的寝宫，也是清朝举行内廷典礼和皇帝召见宫员、接见外国使臣的地方。其内部布置接近太和殿，正前方也是一个雕龙宝座，后设五扇龙饰屏风，左右安置香炉、香筒、仙鹤等陈设。屏风上置"正大光明"匾额，是大殿中最引人注目的焦点（图3-5-7）。坤宁宫是皇后的寝宫，也是皇帝举行大婚的地方，其中东暖阁就是大婚的洞房，内部装修与陈设喜庆祥和，两根大红漆柱间的落地罩的里侧就是龙凤喜床。另外，故宫中的养心殿也是宫中一座比较特殊的建筑，位于乾清宫的西侧，是外朝前三殿和内廷后三殿的重要枢纽，是皇帝修身养性之处，后来也是皇帝起居生活、处理政务的地方。内部各厅堂设计虽奢华精致却也澄明素雅，室内陈设中的匾额、楹联、器玩等更是富有一种文雅意趣和宁静隽永的气息（图3-5-8）。

　　故宫的平面布局、立体效果以及形态上的雄伟、堂皇、庄严、和谐都可以说是建筑史上罕见的，是一个无与伦比的古代建筑杰作，无论是其建筑群总体规划还是建筑本身

图3-5-6　北京故宫御花园

图3-5-7　北京故宫乾清宫室内

图3-5-8　北京故宫养心殿三希堂室内

都是中国古代设计的最高典范。

　　建于1694年位于北京城内的雍和宫（Yonghe Lamasery）最初为府邸，后来改建为喇嘛教寺院，但平面布局仍保留王府的格局。内部装修设计虽是中国传统设计手法，但也有藏传佛教的装饰特点。其中法轮殿内比较典型，平面呈十字形，殿中的梁架、彩画均为汉族佛寺做法，却供奉着宗喀巴铜像（图3-5-9、图3-5-10）。

　　与故宫几乎同时完成的天坛是明清两代皇帝祭祀天地之神和祈祷五谷丰收的地方。它以严谨的建筑布局、奇特的建筑结构、瑰丽的建筑装饰而著称，被认为是中国现存的一组最精致、最美丽的古建筑群之一。

　　天坛位于北京南城正门内东侧，东西长1700m，南北宽1600m。包括圜丘和祈谷二坛，围墙分内外两层，北围墙为弧圆形，南围墙与东西墙成直角相交，为方形（图3-5-11）。这种南方北圆，通称"天地墙"，象征古代"天圆地方"。天坛建有祭坛和斋

图3-5-9　雍和宫，中国，北京（左）

图3-5-10　雍和宫室内（右）

宫并有一道东西横墙，南为圜丘坛（图3-5-12），北为祈谷坛。祈谷坛上为祈年殿（图3-5-13）。祈年殿是主殿，是一座三重檐圆攒尖式屋顶的建筑。殿高33m，直径24.2m，宏伟壮观，气度非凡。

祈年殿建于明永乐十八年（1420年），大殿内外圈用12根金柱和12根檐柱共同托起中、下层檐。中心用4根盘龙金柱支托起上层圆顶。这些分别表示12个时辰、12个月和一年四季，外金柱和檐柱之和表示24个节气。由于中国古代社会长期以农业为经济基础，因此祈祷丰收的祈年殿自然与天时季节密不可分。祈年殿内部结构雄伟、构架精巧，室内空间层层向上升高、收缩聚拢，造成向上的动感，以表示与天相接。天顶藻井中刻满龙凤图案。大殿周围是格扇门，中间放一张长案和皇座，后置一架围屏，这里是皇帝休息的地方（图3-5-14）。

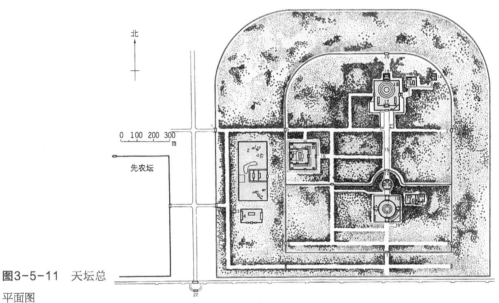

图3-5-11 天坛总平面图

图3-5-12 天坛圜丘坛，中国，北京

图3-5-13　天坛祈年殿，中国，北京　　　　图3-5-14　天坛祈年殿室内

由于中国是一个多民族的国家，早在远古就有很多部族，各族的建筑风格都体现了本民族和地域的差异。其中西藏的藏传佛教（俗称喇嘛教）寺庙的特点最为鲜明。

被称为西藏最伟大建筑的拉萨布达拉宫，是藏传佛教的圣地。布达拉宫是一座极其壮丽的城堡，始建于公元7世纪，重建于1645年。现占地41万平方米，建筑面积13万m^2，宫体主楼13层，高115m，全部为石木结构，5座宫顶覆盖镏金铜瓦，金光灿烂，气势雄伟，是藏族古建筑艺术的精华。

布达拉宫依山垒砌，分部合筑、层层套接的建筑形体，群楼重叠，殿宇嵯峨，气势雄伟，有横空出世、气贯苍穹之势，坚实墩厚的花岗石墙体，平展的白玛草墙领，金碧辉煌的金顶，具有强烈装饰效果的巨大镏金宝瓶、幢和经幡交相辉映，红、白、黄三种色彩对比鲜明。布达拉宫是藏式建筑的杰出代表，也是中华民族古建筑的精华之作。

布达拉宫是由白宫与红宫两部分组成，宫宇叠砌，迂回曲折，同山体有机地融合。白宫供活佛生活起居，红宫为活佛灵堂所在地。白宫和红宫内各有一个大型殿堂称东大殿和西大殿，供举行重要的宗教、政治仪式活动使用，此外，位于白宫的日光殿也是重要的接待场所。各个大殿中的室内梁架、柱头、栏杆都饰满雕刻和彩画，给人一种粗犷浑厚瑰丽的宗教空间感受（图3-5-15）。

同样位于拉萨的大昭寺主殿经堂的内部设计更具有浓郁的藏传佛教色彩。经堂位于主殿的底层中央，净空两侧，由顶部高侧窗采光，这里成为僧人举行法事和教民朝拜的地方（图3-5-16）。

图3-5-15　布达拉宫，中国，拉萨

图3-5-16 大昭寺，
中国，拉萨

二、民居

至明清时期，四合院组合形式更加成熟稳定。北方住宅以北京的四合院住宅为代表，它的内外设计更符合中国古代社会家族制的伦理需要。住宅以院落为核心，依外实内虚的原则和中轴对称格局规整地布置各种用房（图3-5-17、图3-5-18）。

北京四合院坐北朝南，是由大门、影壁、倒座、正房、厢房等若干单体建筑组合而成。大门开在前左角即东南角，进入大门，迎面在外院东厢房的山墙上筑砖影壁一座，与大门组成一个小小的过渡空间。由此西转进入外院。大门之西正对民居中轴的南房称

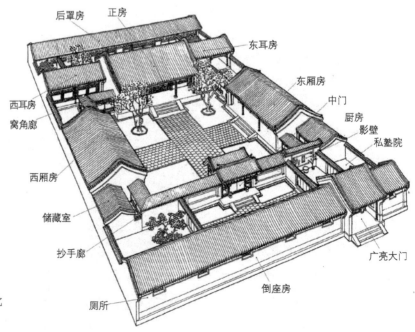

图3-5-17 北
京四合院示意图

"倒座"，作为客房，外院还有男仆房、厨房和厕所。由外院通过中门进入方整开敞的主院。

北面正房称"堂"，是举行家庭礼仪，接待宾客的厅堂。正房大多为三间，开间和进深尺寸都比厢房大，正房左右接出耳房，由尊者长辈居住。主院两侧的厢房是后辈们的居室。厢房也朝向院子并同正房一样有前廊，可以沿廊走通，不必经过露天庭院。廊边常设坐凳栏杆，可在廊内坐

图3-5-18 北京四合院

赏院中花树。较大的民居可以在堂后再接出一进院落，以居内眷。所有房屋都采用青瓦硬山顶。四合院内部的门窗、梁枋、檐柱都有雕刻等装饰，根据空间划分的需要，用各种形式的罩、槅扇、博古架进行界定和装饰。

北京的四合院，院落宽绰疏朗，四面房屋各自独立，彼此之间有游廊联接，起居十分方便。四合院是封闭式的住宅，对外只有一个街门，关起门来自成天地，具有很强的私密性和领域感，非常适合独家居住。

山东的曲阜孔府是北方现存最完整的一座大型府邸，是孔子世袭"衍圣公"的世代嫡裔子孙居住的地方。孔府有厅、堂、楼、轩等各式建筑463间，分为中、东、西三路。东路为家庙，西路为学院，中路为主体建筑。中路以内宅为界，前为官衙，设三堂六厅，后为内宅，设前上房、前堂楼、后堂楼、后五间，最后是孔府的花园，是历代衍圣公及其家属游赏之所。大堂是衍圣公的公堂，内有八宝暖阁、虎皮大圈椅、红漆公案等，两侧是仪仗，气象森严可畏（图3-5-19～图3-5-21）。

山西的王家大院和乔家大院同样也是北方民居建筑的经典（图3-5-22、图3-5-23）。

中国南方也有许多合院式的住宅，最常见的就是"天井院"，它是一种露天的院落，只是面积较小。其基本单元是以横长方形天井为核心，三面或四面围以楼房。正房朝向天井并且完全敞开，以便采光与通风，各个房间都向天井院中排水，称为"四水归堂"。正房一般为三开间，一层的中央开间称为堂屋，也是家人聚会、待客、祭神拜祖的地方。堂屋后壁称为太师壁，太师壁上往往悬挂植物山水书画，壁两侧的门可通至后堂。太师壁前置放一张几案，上边常常供奉祖先牌位、烛台及香炉等，也摆设花瓶和镜子，以取"平平静

图3-5-19 曲阜孔府室内，中国，山东

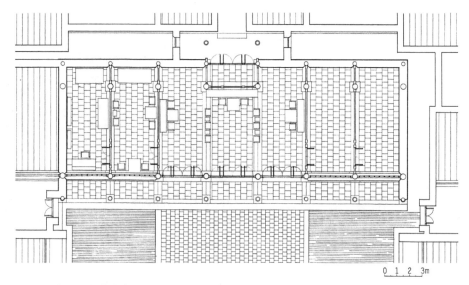

图3-5-20 曲阜孔府前上房平面

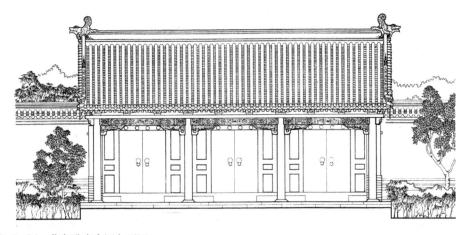

图3-5-21 曲阜孔府大门立面图

图3-5-22 王家大院，中国，山西

静"的寓意。几案前放一张八仙桌和其左右两把太师椅，堂屋两侧沿墙也各放一对太师椅和茶几。堂屋两边为主人的卧室。安徽黟县宏村月塘民居室内设计就是其中典型的一例（图3-5-24~图3-5-26）。

自明、清两代以来，室内的木装修同外檐装修一样成为建筑内外装饰设计的一个重要特征。室内装修内容、形式十分丰富，室内的隔断，除板壁之外，还有落地罩、花罩、栏干罩、博古架、书架、帷幔等不同的方式。内装修的材料，多采用紫檀、花梨、楠木制作，结构均为榫卯结构，造型洗练、工艺精致。室内的木装修已成为中国传统室内设计

图3-5-23 乔家大院内景，中国，山西

图3-5-24 宏村月塘民居，中国，安徽

图3-5-25 宏村月塘民居

图3-5-26 宏村承志堂内院及室内，中国，安徽

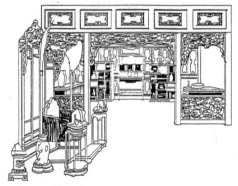

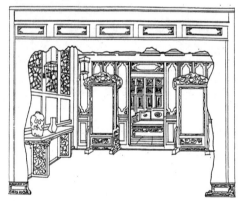

图3-5-27 室内装修示意图

的主要内容（图3-5-27）。

至明清时期家具已相当成熟，品种类型也相当齐全，而且选材合理，既发挥了材料性能，又充分利用材料本身色泽与纹理，达到结构和造型的统一。整体来讲，明清家具体型稳重、比例适度，线条利落，具有端庄活泼的特点，尤其是明式家具讲究设计的科学性，工艺精密，结构科学，造型简洁，风格典型。清式家具继承明代传统的基础上，又吸收了工艺美术的成就，出现了漆家具，并利用玉石、陶瓷、珐琅、贝壳做镶嵌。另外室内设计发展到明清的时候，室内出现了很多灵活多变的陈设，诸如书画、挂屏、文玩、器皿、盆景、陶瓷、楹联、灯烛、帐幔等等，都成为中国传统室内设计中不可缺少的组成部分。

三、园林

明清是中国古代园林的最后兴盛时期。明清两朝开国后都有一段时间社会较为安定，经济文化较为发达，在建筑、园林诸领域都呈现出繁荣的局面。这个时期的造园活动曾出现两个高潮：一是明中晚期南北两京和江南一带官僚地主园林的繁兴；二是清代中叶清帝苑囿和江南各地私家园林的兴盛。

明清园林重在求"意"，"意"比"神"有更高的境界。园林之"意"表达的是人与园或人与自然的内在哲理。这时的园林不仅是对大自然的艺术再现，更是在人与自然的深层关系上进行演绎，其中以江南私家园林最具代表性。可以说，宫苑或寺庙园林中的许多园林手法，多效法于此。若从"意"的高度来说，则私家园林之"意"是最高的。中国园林的特点可以归纳为：（1）重视自然美；（2）追求曲折多变；（3）崇尚意境。

中国古代园林大体可分三种主要类型，即私家园林、皇家园林和寺庙园林。

私家园林也称宅院，这种园林以江南园林境界最高。江南园林中则要数苏州的"文人园"最为著名。这种园林的布局以及构园体现在四个方面：一、"小中见大"，划分景区，每区皆构图完整，各有特点；二、叠山理水都有章法，其原则是"虽由人作，宛自天开"；三、林木原则为"取其自然，顺其自然"，不矫揉造作；四、建筑物的原则是与山水林木有机结合，形成变化且又和谐。堂、厅、轩、宅、亭、台、楼、阁以及墙垣、石舫、桥梁等各不相同，形式多样但风格统一。

文人在园林中追求文化意蕴深厚的"文人写意山水园"的意境。构园的主题思想就在于求得人与自然的理想关系，在有限的空间内点缀假山、树木、亭台楼阁、池塘小桥，以景取胜，景因园异，给人以小中见大的艺术效果。园林中的建筑物除实用性外，还在于表现人的理想生活。建筑空间通透，与自然联成一体。文人构园重在情态，情态来自生活的再现。园林设有山石、小径、亭舍，是江南水乡的田园牧歌式的境界。因此，优秀的文人园景不但有画意，而且有诗情，清高风雅，淡素脱俗。

明清时期，苏州的经济文化发展达到鼎盛阶段，造园艺术也趋于成熟，使造园活动达到高潮。最盛时期，苏州的私家园林和庭院达到二百余处，拙政园、留园、耦园、怡园等都闻名遐迩。

明正德四年（1509年），官场失意还乡的朝廷御史王献臣建造的拙政园，因有江南才子文徵明参与设计，文人气息尤其浓厚，处处诗情画意。

其布局主题以水为中心，池水面积约占总面积的三分之一，各种亭台轩榭多临水而筑。全园分东、中、西三部分。总体布局东疏西密，绿水环绕。东部地势空旷，平岗草地，竹坞曲水，芙蓉榭、天泉亭等亭阁点缀其间。中部山水明秀，厅榭典雅，花木繁茂是全园的精华所在。远香堂是全园的主体建筑，一切景点均围绕远香堂而建。堂南筑有黄石假山，山上配植林木。堂北临水，水池中以土石垒成东西两山，两山之间，连以溪桥。西山上有雪香云蔚亭，东山上有待霜亭，形成对景。从东部进入中园，一泓清池映入眼帘，古树傍岸，垂柳拂水，湖石峻秀。远处隐约一洞，池南厅堂林立，错落有致。池北岩岛，溪桥相连，百年枫杨，山、水、池、石、林、亭、堂融合得宛如天然。西部以池水为中心，水廊透迤，楼台倒影，清幽恬静。

拙政园的特点是布局非常巧妙，把有限的空间进行分隔，充分采用了借景和对景等造园手法，以水景取胜，平淡简远，朴素大方，保持了明代园林疏朗典雅的古朴风格（图3-5-28~图3-5-32）。

留园位于苏州阊门外留园路，在苏州园林中其艺术成就颇为突出。留园始建于明万历二十一年（公元1593年），因园主姓刘故名刘园，后改称留园，以其严谨布局、高雅风格、丰富景观，有"吴中第一名园"之称（图3-5-33~图3-5-35）。全园分为中、东、西、北四个景区。中部和东部是全园的精华部分。中部以山水为主景，池水居中，池北堆以假山，石峰林立；山上杏桂争辉，登临山顶"可亭"，全园景观尽收眼底；池东南两侧，楼、廊、亭、轩错落，各色古建临池与不同的图案漏窗，使窗景相融，窗中有景，景中有窗。池西长廊透迤，凸现山之蜿蜒。东部以建筑为主重檐叠楼，曲院回廊。主厅"五峰仙馆"因梁柱为楠木，又称楠木厅，为苏州园林中规模最大的建筑。

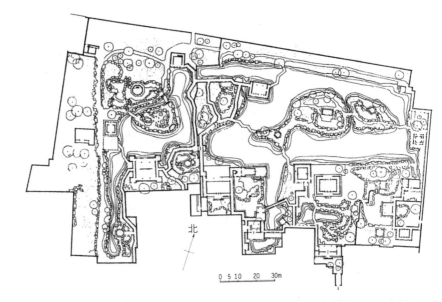

图3-5-28
拙政园平面

北

0 5 10 20 30m

图3-5-29 拙政园，中国，江苏 图3-5-30 拙政园

图3-5-31 拙政园"小飞虹"，中国，苏州

图3-5-32 拙政园月洞门

图3-5-33 苏州留园，中国，江苏

图3-5-34 苏州留园内景

图3-5-35 苏州留园屋角天井

"鸳鸯厅"雕梁画栋，极尽人工之精巧，为苏州园林厅堂的精品。厅北傲立着著名的"留园三峰"即冠云、岫云、朵云三峰，其中冠云峰相传为宋朝"花石纲"的遗物，该峰高9m，耸立在土山之上，玲珑剔透，形态奇伟，没有人工斧凿痕迹，兼具瘦、漏、透、皱的特点，有"江南园林峰石之冠"的美誉。留园西部是自然山林风光，土山红枫，石林凉亭，颇多野趣。北部是别有风味的田园风光。

全园布局紧凑、结构严谨、庭园幽深、重门叠户、移步换景。留园建筑数量较多，其空间处理之突出居苏州诸园之冠。留园厅堂宏丽，装饰精美，充分利用建筑将园内空间巧妙分隔，组合成若干各具特色的景区，这些景区用曲廊联系，全园曲廊长达七百余米，随形而变，因势而曲，或蟠于山腰，或蜿蜒于水际，逶迤相续，始终不断，使园景变化无穷，步移景异。

另外始建于宋代的网师园、清代的耦园（图3-5-36）、怡园、曲园、听枫园、环秀山庄等以及无锡的寄畅园（图3-5-37、

图3-5-36 耦园铺地

图3-5-38）、吴江的退思园、绍兴的东湖（图3-5-39）等都以其精致巧妙的设计构思、高雅的艺术品位、深博淡远的意境而成为江南古典园林的杰出典范。

皇家园林一般规模都很大，以真山真水为造园要素，所以更重视选址，造园手法近于写实。由于景区范围大、景点多，功能内容和活动规模都比私家园林丰富和盛大得多，几乎都附有宫殿，常布置在园林主要人口处用于听政，园内还有居住用的殿堂。皇家园林风格造型庄重且富丽堂皇。在中国皇家园林中，颐和园最为典型和完整。

颐和园坐落于北京西郊，原名清漪园，清康熙时始建行宫，从乾隆十五年（1750年）起大建园林，是集历代皇家园林的大成，荟萃南北私家园林的精华，是中国现存最完整、规模最大的皇家园林。从公元11世纪起，这里就开始营建皇家园林，到800年后清朝结束时，园林总面积达到了1000多公顷，如此大面积的皇家园林世所罕见（图3-5-40、图3-5-41）。

颐和园主要由万寿山昆明湖组成，水面占全园的四分之三。环绕山、湖间是一组组精美的建筑物，全园分三个区域：以万寿山和昆明湖组成的风景区，以仁寿殿为中心的行政活动区，以玉澜堂、乐寿堂为主体的帝后生活区。全园以西山群峰为借景，加之建筑群与园内山湖形势融为一体，使景色变幻无穷。

万寿山前山的建筑群是全园的精华之处，巍峨高耸的佛香阁高达41m，是颐和园的象征，其建筑在高21m的方形台基上，阁高40m，有8个面、3层楼、4重屋檐，阁内有8根巨大铁梨木擎天柱，结构相当复杂。佛香阁是全园的中心，踞山面湖，统领全园。周围建筑对称分布其间，形成众星捧月之势，气派宏伟。整个景区由两条垂直的轴线统领，南北轴线从佛香阁起，依次为德辉殿、排云殿、排云门等。东西轴线就是著名的长廊。佛香阁东面山坡上建有转轮藏和巨大的万寿山昆明湖石碑，西侧建筑是五方阁及闻名的宝云阁铜殿。蜿蜒曲折的西堤犹如一条翠绿的飘带，堤上六桥，形成优美的"六桥烟柳"，形态各异、婀娜多姿。

东西轴线的长廊最有特色，长达728m，长廊中的绘画本身就有很高的艺术价值，有546幅西湖胜景和8千多幅人物故事、山水花鸟彩绘。另外，长廊还起到了将园内各个

图3-5-37　无锡寄畅园，中国，江苏　　　　图3-5-38　无锡寄畅园石滩

图3-5-39 绍兴的东湖风景园林，中国，浙江

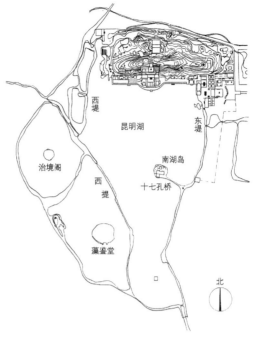

图3-5-40 颐和园总平面图

景点有机地联系起来的作用，烘托出园林整体的美（图3-5-42）。

颐和园南部的前湖区，浩渺烟波是典型杭州西湖风格，西望群山起伏、北望楼阁成群，宏大的十七孔桥横卧湖上。在湖畔岸边，还建有著名的石舫，惟妙惟肖的镇水铜牛，赏春观景的知春亭等点景建筑。

万寿山北麓尽管建筑较少，但地势起伏，花木扶疏，山路曲折，松柏参天。山脚下，清澈的湖水随山形地貌演变为一条舒缓宁静的河流。两岸树木葱郁，蔽日遮天，时隐时现。后溪河中游，模拟江南建造的万寿买卖街铺，钱庄、当铺、茶楼、酒馆鳞次栉比，错落有致。东部的宫殿区和内廷区，是典型的北方四合院风格，一个一个的封闭院落由游廊联通。

图3-5-41 颐和园佛香阁，中国，北京　图3-5-42 颐和园长廊，中国，北京

图3-5-43　颐和园谐趣园　　　　　　　　图3-5-44　颐和园谐趣园

　　颐和园吸收了中国各地古典园林的精华，它气势磅礴、雄浑宏阔而又有江南的清丽婉约、风姿卓然（图3-5-43～图3-5-45）。

　　圆明园是清代另一座大型皇家宫苑，坐落在北京西郊，与颐和园毗邻，由圆明园、长春园和绮春园组成。此外，还有许多小园，分布在东、西、南三面，众星拱月般环绕周围。全园面积340多公顷，有"万园之园"之称。清代帝王每到盛夏就来到这里避暑、听政、处理军政事务，因此也称"夏宫"。圆明园始建于1709年，1860年遭英法八国联军洗劫，后又遭到官僚、军阀、土匪的毁灭破坏，终变成一片废墟。圆明园在清代150余年的创建和经营下，曾以其宏大的地域规模、杰出的营造技艺、精美的建筑景群、丰富的文化收藏和博大精深的民族文化内涵而享誉于世，被誉为"一切造园艺术的典范"（图3-5-46～图3-5-48）。

　　避暑山庄是中国皇家园林又一典范。避暑山庄又名承德离宫或热河行宫，位于河北承德，是清代皇帝夏天避暑和处理政务的场所。它始建于乾隆四十二年（1703年），历经康熙、雍正、乾隆三代皇帝，前后历时89年才全部竣工。避暑山庄不仅规模宏大，而且在总体规划布局和园林设计上充分利用了原有的自然山水的景观条件，吸取唐、宋、明历代造园的优秀传统及江南、塞北之风光，以朴素淡雅的山村野趣为格调，取自然山水的本色，实现了中国古代南北造园和建筑艺术的融合，以及木架结构与砖石结构、汉式建筑与少数民族建筑形式的完美结合，构成了中国古代建筑史上的奇观。避暑山庄分

　图3-5-45　颐和园牌坊　　　　　　　　图3-5-46　圆明园，中国，北京

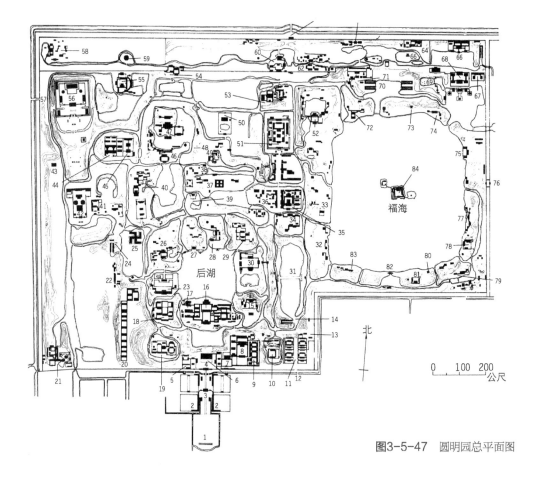

图3-5-47 圆明园总平面图

图3-5-48 圆明园"四十景"图画局部

宫殿区、湖泊区、平原区、山峦区四大部分。

宫殿区位于山庄南部，占地10万m²，其布局运用了"前宫后苑"的传统手法。包括正宫、松鹤斋、东宫和万壑松风四组建筑群。正宫在宫殿区西侧，是宫殿区的主体建筑，是清代皇帝处理政务和居住之所，包括9进院落，分为"前朝"、"后寝"两部分。主殿名"澹泊敬诚"，是用四川、云南产的珍贵楠木建成，因此也叫楠木殿。这是清朝皇帝治理朝政的地方，各种隆重的大典也都在这里举行。松鹤斋在正宫之东，由七进院落组成，庭中古松耸峙，环境清幽。万壑松风在松鹤斋之北，是乾隆读书之处。整个宫殿区布局严整，建筑外形简朴，装修淡雅。

湖泊区在宫殿区的北面，湖泊包括若干洲岛，由其将湖面分隔成大小不同的5个区域，各湖之间又有桥相通，两岸绿树成荫，秀丽多姿，洲岛错落，碧波荡漾，富有江南鱼米之乡的特色。湖泊区的风景建筑大多是仿照江南的名胜建造的，如"烟雨楼"是模仿浙江嘉兴南湖烟雨楼的形状修的（图3-5-49）。湖中的两个岛分别有两组建筑，一组叫"如意洲"，一组叫"月色江声"。"如意洲"上有假山、凉亭、殿堂、庙宇、水池等建筑，布局巧妙是风景区的中心。"月色江声"是由一座精致的四合院和几座亭、堂组成。

平原区在湖区北面的山脚下，地势开阔，绿草如茵，一派蒙古草原风光。当年这里有万树园，园内有不同规格的蒙古包28座。其中最大的一座是御幄蒙古包，是皇帝的临时宫殿，乾隆经常在此召见少数民族的王公贵族、宗教首领和外国使节。平原区西部东

烟雨楼北立面图

烟雨楼南立面图

0 1 2 3米

图3-5-49　避暑山庄烟雨楼立面图

图3-5-50 承德避暑山庄

部古木参天，具有大兴安岭莽莽森林景象。

　　山峦区在山庄的西北部，面积约占全园的五分之四，这里山峦起伏，沟壑纵横，密林幽深。当年利用山峰、山崖、山麓、山涧等地形修建了多处景点，其中最引人注目的是遥相对立的两个亭子，一个是"南山积雪"，一个是"四面云山"。在另一座山峰上还有一座叫"锤峰落照"的亭子。整个山庄东南多水，西北多山，众多楼堂殿阁、寺庙点缀其间，是中国自然地貌的缩影。

　　另外，在避暑山庄东面和北面的山麓，峰奇石异，林木繁茂，分布着雄伟壮观的寺庙群，这就是外八庙。外八庙以汉式宫殿建筑为基调，吸收了蒙、藏、维等民族建筑艺术特征，创造了中国的多样统一的寺庙建筑风格。

　　山庄整体布局分区明确，因山就势，巧用地形。山庄宫殿与天然景观和谐地融为一体，达到了回归自然的境界。建筑融南北艺术精华，既具有南方园林的风格、结构特点，又多沿袭北方常用的工程做法，成为南北建筑艺术完美结合的典范（图3-5-50）。

第四章 —— 近代人居环境

第一节 "工艺美术"运动

19世纪中叶以后，伴随着工业革命的蓬勃发展，建筑及环境设计领域进入一个崭新的时期。此时折中主义以缺乏全新的设计观念和功能技术上的创造不能满足工业化社会的需要，而自然退出历史舞台。另一方面，工业革命后建筑大规模发展，造成设计千篇一律、格调低俗，施工质量粗制滥造，对人们的居住和生活环境产生了恶劣影响。在这种情况下，设计界形成一股强大的反动力，既反对保守的折中主义，也反对工业化的不良影响，进而引发建筑、室内设计领域的变革，出现了工艺美术运动和新艺术运动。

在整个19世纪各种建筑艺术流派中，对近代建筑与室内设计思想最具影响的是发生于19世纪中叶英国的工艺美术运动（Arts and Crafts）。这场运动是一批艺术家为了抵制工业化对传统建筑、传统手工业的威胁，为了通过建筑和产品设计体现民主思想而发起的一场设计运动。

引起这场设计革命的最直接的原因是工业革命后机器化大生产所产生的与艺术领域的冲突，即借助机器批量的同时，产品丧失了先辈艺术家的审美性。诗人和艺术家莫里斯（William Morris，1834—1896）是这场运动的先驱，他提倡艺术化的手工制品，反对机器产品，强调古趣，提出了"要把艺术家变成手工艺者，把手工艺者变成艺术家"的口号（图4-1-1）。

1859年，他邀请原先作哥特风格事务所的同事韦伯（Philip Webb，1831—1915）为其设计住宅——红屋，这个红色清水墙的住宅，融合了英国乡土风格及17世纪意大利风格。平面根据功能需要布置成L形，而不采用古典的对称格局，力图创造安逸、舒适而不是庄重、刻板的室内气氛。莫里斯有时也会运用自己设计的色彩鲜亮、图案简洁、装饰味极强的壁纸。他的朴素之风，与其说复兴了中世纪趣味，不如说是为以后新的趣味

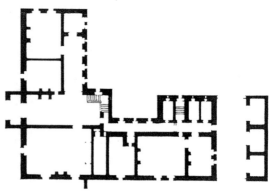

图4-1-1 莫里斯设计（左）

图4-1-2 "红屋"平面（右）

图4-1-3 "红屋"，英国

图4-1-4 "红屋"室内

的形成开辟了先河（图4-1-2～图4-1-4）。

"红屋"之后，这种审美情趣逐步扩大，使工艺美术运动蓬勃发展起来。1861年莫里斯等人成立设计事务所，专门从事手工艺染织、家具、地毯、壁纸等室内实用艺术品的设计与制作。莫里斯事务所设计的家具就采用拉斐尔派爱用的暗绿色来代替赤褐色，壁纸织物设计成平面化的图案。室内装饰上，墙面是木制的中楣将墙划分成几个水平带，最上部有时用连续的石膏花做装饰，或是贴着镏金的日本花木图案的壁纸。室内陈设上喜爱具有东方情调的古扇、青瓷、挂盘等装饰。莫里斯等人的学术思想虽然内涵深刻，然而其工艺美术运动本身由于更多地关心手工艺趣味，渐渐地走上了唯美主义的道路（图4-1-

图4-1-5 工艺美术运动时期的家具

图4-1-6 工艺美术运动时期的家具（左）

图4-1-7 工艺美术运动时期的家具及墙饰（右）

5～图4-1-7）。

莫里斯对现代艺术的另一个贡献是艺术教育。1894年他在伦敦成立了手工艺学校，把设计与制作这两个传统上分裂的步骤结合在一起，这是现代艺术设计教育中第一个有手工艺制作车间的学校。

莫里斯的观点和他积极的社会实践影响很广，后来传至美国，引发美国的工艺美术运动。工艺美术运动对设计的贡献主要在实用艺术观念和设计理论上，并创造了新的艺术语言。但是在当时英国这样一个并不激进的国家中，工艺美术运动所倡导的艺术趣味夹杂着对中世纪的怀念和对东方异域的追求，而缺乏一些应有的热情奔放（图4-1-8～图4-1-10）。

在园林园艺领域，植物学家鲁滨逊（Wilian Robinson，1839—1935）和建筑师路特恩斯（Edwin Lutyens，1869—1944）比较具有代表性，他们主张简化烦琐的维多利亚花园设计风格，花园设计应遵循植物的自然习性及自然生长的形态，提倡从大自然中获取设计的源泉，应该抛弃矫饰做作风格和建筑设计的原则和手法，要充分尊重自然形态来营造庭院（图4-1-11）。印度新德里莫卧儿花园，又名总督花园，就体现了自然式和规则式的结合。花园分为三部分组成，第一部分是紧邻建筑的方形规则式花园，由四条水

图4-1-8 维特威克庄园客厅，英国

图4-1-9 "金银花"卧室，英国

图4-1-10 维特威克庄园大客厅，英国

图4-1-11 鲁滨逊设计的花园

渠分割成矩形的花池、台阶、草地和步汀；第二部分是长条形花园，园中没有水系，以爬满藤蔓植物的花架为主；第三部分是下沉式圆形花园，圆形水池外围是众多的分层花台。整个花园自然和谐秩序感强，伊斯兰风格巧妙融入西方现代元素（图4-1-12、图4-1-13）。

此外，这一时期英国肯特郡的西辛胡尔特组合式庄园（图4-1-14）、卡普里岛园林（图4-1-15）和苏塞克斯伊福特庄园（图4-1-16），以及法国的维兰德里规则式园林都极具代表性（图4-1-17）。

图4-1-12 莫卧儿花园，印度新德里

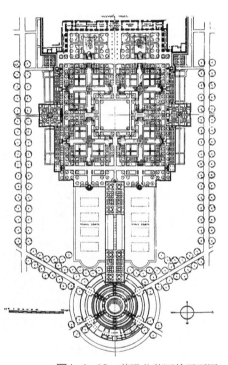

图4-1-13 莫卧儿花园总平面图

图4-1-14 西辛胡尔特庄园，英国肯特郡

图4-1-15 卡普里岛园林，英国 图4-1-16 伊福特庄园，英国苏塞克斯

图4-1-17 维兰德里
花园，法国

第二节 "新艺术"运动

  新艺术运动是19世纪末、20世纪初在欧洲和美国产生和发展的一次影响相当大的艺术运动，涉及很多国家，建筑、家具、产品、服装、平面设计甚至雕塑和绘画艺术都受到影响。从产生背景来看，它与"工艺美术"运动有许多相似的地方，它们都是对矫饰的维多利亚风格和其他过分装饰风格的反动，它们都旨在重新掀起对传统手工艺的重视和热衷，它们也都放弃对传统装饰风格的参照，而转向采用自然中的一些装饰，比如以植物、动物为中心的图案和装饰风格的发展。两个运动不同的地方是："工艺美术"运动把哥特风格作为一个重要的参考与来源，而新艺术运动则完全放弃任何一种传统装饰风格，走向自然风格，强调自然中不存在直线，在装饰上突出表现曲线、有机形态，而装饰的构思基本来源于自然形态。新艺术运动不同于工艺美术运动的是并不完全反抗工业时代，而是较积极地运用工业时代所产生的新材料和新技术。这场

运动从法国、比利时开始发展起来，之后蔓延许多国家并影响到美国，成为一个影响广泛的国际设计运动。

新艺术运动主张艺术与技术相结合，在建筑及环境设计上体现了追求适应工业时代精神的简化装饰。主要特点是装饰主题模仿自然界草本形态的流动曲线，并将这种线条的表现力发展到前所未有的程度，产生了非同一般的视觉效果。

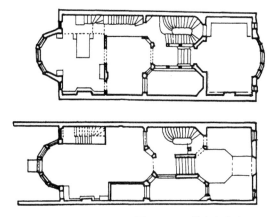

图4-2-1　塔塞尔住宅平面

这一时期设计的主要团体有1884年成立的"二十人小组"和1894年成立的"自由美学社"，它们是包括许多不同艺术行业的同仁组织，在设计方面作出杰出贡献的著名大师首推霍塔和费尔德。

霍塔（Victor Horta，1861—1947）是新艺术风格的奠基人。他在1893年设计的布鲁塞尔都灵路12号住宅（12，Rue de Turin），即塔塞尔住宅是新艺术运动的最早实例（图4-2-1、图4-2-2）。该住宅外装修较节制，室内装饰却热情奔放，铁制龙卷须把梁柱盘结在一起，尤其是那令人难忘的楼梯及立柱上面铁制线条所具有的韵律感，既整体又和谐。他把铁艺看成一种有机的线条，从而把这种新的结构材料与其装饰可能性充分结合起来。顶棚的角落和墙面也画上卷藤的图案，灯具和马赛克地面也都是这一图案。

霍塔住宅也是新艺术运动代表作品之一。其楼梯间的设计颇具特色，空间整体流畅、生动活泼，把不同属性的材料相互搭配，把不同语言的形式相互糅合在一起（图4-2-3、图4-2-4）。

图4-2-2　塔塞尔住宅，比利时，布鲁塞尔（左）

图4-2-3　霍塔住宅，比利时（右）

图4-2-4　霍塔住宅

图4-2-5　范·埃特韦尔德府邸，比利时，布鲁塞尔

范·埃特韦尔德（Van Eetvelde）府邸的圆顶沙龙是霍塔更为成熟的作品。室内是由八个金属支柱形成的环形拱券架起了一个金属肋玻璃圆顶，结构轻盈而且具有很强的形式感，同时也为室内提供了明亮柔和的光线。楼梯扶手、栏杆都是植物形的曲线，产生一种律动的美感，整个空间华美、优雅而和谐，具有音乐般的迷人效果（图4-2-5）。

霍塔的设计特色还不局限于这些活泼、有活力的线型，他对现代室内空间的发展也颇有贡献。他用模仿植物的线条把空间装饰成一个整体，他设计的空间通敞、开放，与传统封闭式空间截然不同。另外他在色彩处理上也轻快明亮，这些也蕴含了现代主义设计的许多思想。

新艺术运动体现在环境景观方面最突出的例子就是巴黎的地铁站入口设计（图4-2-6、图4-2-7）。

费尔德（Henri Van de Velde，1863—1957）是一名新艺术观念的传播者，他不仅是

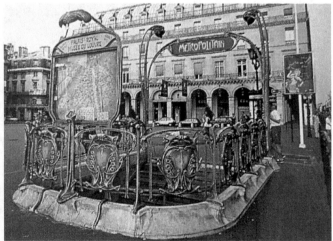

图4-2-6　巴黎地铁入口，法国　　图4-2-7　巴黎地铁入口，法国

设计师，还是理论家，无论是把设计理论推向对机械的承认，还是他的设计实践，都使他成为设计史上的重要人物，其影响远远越过了他在比利时的活动范围。他也曾模仿莫里斯的做法，在布鲁塞尔创办公司，1899年又来到德国长期从事设计工作，但他反对莫里斯排斥工业机械的观点，而是主张标准化生产作业，同时注重发挥材料本身的特质，倡导新的理性原则，提出"没有工业作基础，新文化是不能产生的，""合乎理性法则的结构，是求得美的形式的第一要素"等口号。在现代主义运动以前，能如此对功能和形式两方面都不偏颇，还能巧妙地结合在一起是最难能可贵的。1902年，费尔德受魏玛大公的委托，担任魏玛艺术与工艺学校的校长，他以独特先进的教育体制和教学方法，培养了一批富有创新精神的设计师。1914年，他推荐建筑师格罗皮乌斯为其继任。

新艺术运动最伟大的艺术家毫无疑问当属西班牙人安东尼奥·高迪（Antonio Gaudi 1802—1926）。从19世纪的最后几年起到去世，高迪以其卓尔不群的超凡想象力为他所在的城市设计了一批梦幻般的作品，将新艺术运动反传统的曲线造型和"自然"表现的特点推向极致，从而产生深远而广泛的影响。

1898年，高迪设计了巴塞罗那的塞维罗教堂（Santa Coloma de Cervello），在这个项目中，高迪首次将一种非同寻常的"自然"有机主义空间呈现在人们面前，这个教堂里的一切仿佛都是自然形成的，粗犷的石柱、墙面和拱顶看上去好像是随心所欲砌筑的，有的部分甚至感觉还没有完成（图4-2-8）。

1900年，高迪在巴塞罗那设计了一座圭尔公园（Parque Guell）。在这座公园中，高迪将他对"自然秩序"的理解以其独有的方式加以阐释。公园的主体是一座由86根粗大的多立克柱支撑的市场大厅，这些柱子本身是相当规范的，但它们所支撑的檐部却不规则地弯曲着，顶棚上仿若生长出起伏不定的钟乳石。大厅的屋顶被处理成由蜿蜒的女儿墙围合的平台（图4-2-9～图4-2-12）。

在公园中最令人拍案叫绝的就是造型弯曲如长蛇的椅子，有人称是世界最长的椅子。椅子表面覆以色彩艳丽的陶瓷和玻璃马赛克碎片，构成了圭尔公园最神奇的特色。

图4-2-8　塞维罗教堂，西班牙，巴塞罗那

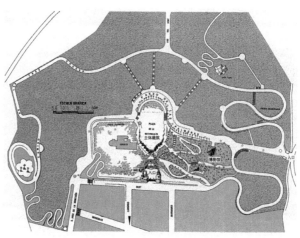

图4-2-9　圭尔公园平面

图4-2-10 圭尔公园，西班牙，巴塞罗那

图4-2-11 圭尔公园市场大厅屋顶的女儿墙长凳

图4-2-12 圭尔公园，西班牙，巴塞罗那

图4-2-13 圣家族教堂，西班牙，巴塞罗那

它用不规则的砖拼贴而成，这些拼贴而成的图案有些是高迪自己设计的，有些则是让镶嵌工人自由发挥的，长椅在阳光下斑驳陆离、闪闪发光。该长椅有凹凸的造型弯曲，凹进去的地方犹如电影院中的包厢座椅，像是专为情人设计的。

圣家族教堂是高迪的又一杰作，它造型特异、奇幻宏丽、不同凡响，是西班牙巴塞罗那标志性建筑，也是世界上最富神奇色彩的建筑之一（图4-2-13～图4-2-16）。

高迪一直向往欧洲中世纪哥特式建筑的宏大风采，所以整座教堂的设计非常重要的因素是由哥特式大教堂的建造结构改造而来，另外设计的内容与造型皆和天主教象征符号

图4-2-14　圣家族教堂

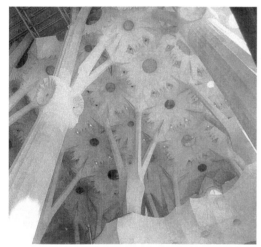

图4-2-16　圣家族教堂室内

图4-2-15　圣家族教堂尖塔

有关。高迪运用弧形来平衡、舒缓哥特式的严整与刻板，钟塔的造型也是极富创造性的类似于旋转的抛物线，这样的结构使钟塔看起来是无限向上延伸的。

　　圣家族教堂以十字形体为主，十字形的上方是后寺院，下方为入口区，左右两边则为十字交叉通道与十字厅堂。十字中心点为正堂，称为中心堂，也就是耶稣塔的所在地。整座教堂共18座尖塔，一座象征基督耶稣的塔高达170m，一座跟它高度相似的为圣母玛利亚塔，这两座塔四周有四座高约125m的福音塔，描写耶稣一生的四位福音，四座福音塔外围有12座耶稣门徒的塔。左边为受难门，右边为诞生门，下方为荣耀门，其高度约100m，各个塔皆记述耶稣不同时期的史事。

　　圣家族教堂采用巍峨壮丽的哥特尖塔造型，外形宏伟，造型怪异，整座建筑几乎没有直线和对称，而是充满怪异的细节。像玉米一样的尖塔，参差错落、直插云端，十分奇特。塔顶形状错综复杂，每个塔尖上都有一个色彩明快的马赛克球形花冠的十字架。教堂的外部用一种红褐色的石头砌成，空灵的造型给人以雕镂而非实体的感觉。教堂墙面主要以当地的动植物形象作为装饰，正面的三道门以彩色的陶瓷装点而成。整个建筑华美异常，令人叹为观止，是建筑史上的奇迹。

图4-2-17　米拉公寓，西班牙

图4-2-18　米拉公寓室内

图4-2-19　"红木餐厅"法国

教堂的高大内柱有的设计成竹节状，节节向上，顶部也呈竹叶状，竹竿上还趴着蜥蜴样的动物。所以，在大教堂中会有一种踏入原始森林的感觉。

高迪一直崇尚自然，故建筑物上常常带有动物或植物的形状。圣家族教堂在植物般的自然流动和抽象风格中，浮现出一幅梦幻般神奇怪异的情调。

另外，高迪设计的米拉公寓（图4-2-17、图4-2-18）和法国的"红木餐厅"的室内设计也是受广泛关注的作品（图4-2-19）。

穆特修斯设计的柏林住宅园林（图4-2-20）、贝伦斯设计的达姆斯塔特住宅庭院（图4-2-21）和莱乌格设计的苟奈尔别墅花园（图

图4-2-20　穆特修斯设计的住宅园林

图4-2-21 达姆斯塔特住宅庭院

图4-2-22 苟奈尔别墅花园

4-2-22）等，这些作品也都是新艺术运动的杰出代表。

第三节 "装饰艺术"运动

"装饰艺术"运动在20世纪20年代兴起，并逐渐成为一个国际性的流行设计风格。它主要采用手工艺和工业化的双重特点，并运用折中主义手法，创造一种以装饰为特点的新的设计风格。"装饰艺术"运动不仅涉及建筑设计、室内设计领域还影响到家具设计、平面设计、产品设计和服装设计等几乎所有设计领域，因此"装饰艺术"运动是近代非常重要的一次设计运动。

"装饰艺术"运动（Art Deco）是首先在法国、美国和英国等国家开展的一次风格非常特殊的设计运动。最初法国的"装饰艺术"运动，在很大程度上依然是传统的设计运动，虽然在造型、色彩上，在装饰动机上有新的、现代的内容，但是它的服务对象依然是社会的上层，是少数的资产阶级权贵，这与强调设计民主化、强调设计的社会效应的现代主义立场是大相径庭的。

20世纪初，一些艺术家和设计师敏感地了解到新时代的必然性，他们不再回避机械形式，也不再回避新的材料（如钢铁、玻璃等）。他们认为"工艺美术"运动和新艺术运动有一个致命缺陷，即对于现代化和工业化形式的断然否定态度。时代已经不可阻挡，现代化和工业化已经到来，与其回避它还不如适应它。而采用大量的新的装饰及现代特征使得设计更加华贵，可以作为一条新的设计途径。其时，这种认识已普遍存在于法国、美国、英国的一些设计家中，特别是西方和美国的普遍繁荣，经济高速发展，形成新的市场，为新的设计和艺术风格提供了生存和发展的机会。这一历史条件，促使新的试验的产生，其结果便是"装饰艺术"运动的诞生。

"装饰艺术"运动的名称出自巴黎曾举办的一个大型展览："装饰艺术"展览。这个展览旨在展示一种新艺术运动之后的建筑与装饰风格的作品，后常被用来特指一种特别的设计风格和一个特定的设计发展阶段。但是，"装饰艺术"这一提法，实际所指的并不仅是一种单纯的设计风格。同新艺术运动一样，它包括的范围相当广泛，从1920年代的爵士图案，到1930年代的流线型设计式样，从简单的英国化妆品包装到美国纽约洛克菲勒中心大厦的建筑，都可以说是属于这场运动的。

新艺术运动强调中世纪的、哥特式的、自然风格的装饰，强调手工艺的美，否定机械化时代特征；而装饰艺术运动却是反对古典主义的、自然的和手工艺的趋向，主张机械化的美。因而，"装饰艺术"风格具有更加积极的时代意义。"装饰艺术"秉承了以法国为中心的欧美国家长期以来的设计传统立场，为富裕的上层社会服务。很多的设计理论家把"装饰艺术"运动视为"工艺美术"运动和"新艺术"运动的延伸与发展。

"装饰艺术"运动风格在形式上是受到以下几个非常特别的因素影响而形成：首先是显示了美国通俗文化的力量，反映了美国在设计上对于公众文化的重视；其次，从设计语言方面来看，无论是百老汇歌舞还是好莱坞的电影，都有明显体现对古埃及、玛雅和阿兹台克文化设计特征的爱好。这些古代文明特征直接影响到"装饰艺术"形式风格的形成。

美国的"装饰艺术"运动比较集中在建筑设计和与建筑相关的室内设计、家具设计、家居用品设计上；还包括"装饰艺术"，如雕塑、壁画等，也都基本依附于建筑，可以说是建筑引导型的设计运动，这与法国比较集中于豪华、奢侈的消费用品的设计重点形成鲜明的对照。这场设计运动开始于美国纽约和东海岸，逐渐向中西部和西海岸扩展。

在建筑方面，纽约是"装饰艺术"运动的主要试验场所，重要的建筑物包括克莱斯勒大厦（图4-3-1、图4-3-2）、帝国大厦（图4-3-3）、洛克菲勒中心大厦等等。大量起棱角的装饰、豪华而现代的室内设计，大量的漆画、漆器装饰，强烈而绚丽的色彩，普遍采用金属作为装饰材料，都把法国雕琢味道很重的这种风格加以极端发展（图4-3-4）。

图4-3-1 克莱斯勒大厦，美国，纽约（左）

图4-3-2 克莱斯勒大厦尖塔细部（右）

图4-3-3 帝国大厦，美国，纽约（左）

图4-3-4 装饰艺术运动时期建筑与环境（右）

　　弗仑奇大厦是一幢采用平屋顶的摩天大楼，立面为秀丽挺拔的阶梯状。大厦底部采用大理石，三层以上是色调温暖的红砖。大厦使用了具有象征意义的图案作面装饰。顶部采用陶瓷镶嵌图案，正中为一轮太阳，其两侧是狮身怪兽。大厦的室内装饰借鉴了古巴比伦的装饰元素，其入口设计从古巴比伦的伊斯塔尔大门中获得灵感，模制的人物肖像和动物图案被装饰在拱廊的天棚以及电梯的梯门上（图4-3-5）。

　　得克萨斯火车站的设计也是汲取了大量古巴比伦及古埃及的装饰图案。火车站可分为三个功能区：铁路客流大厅、办公区以及仓库。进入客流大厅与办公区时，分别经由不同的入口。大楼立面基部由米色、白色两种大理石组成，形成明快的对比，上部所用的黄砖是得克萨斯州常见的建筑材料。

　　客流大厅入口上方的遮板是以铝合金制成的，遮板及它的拉杆上都装饰有精美的图案。遮板上方是一只神气活现的鹰的石雕，与它在同一条水平线上的装饰石雕中，既有埃及式的星座，也有巴比伦的植物。设计运用折线并使用不同色彩、造型的水平折线装饰来处理建筑的立面。大楼内部的装饰华丽、镀金和镶嵌珐琅的天花以几何形划分，里面填充精美细密的图案，并以金、白、黑3种色彩为主。造型别致而轻柔的吊灯使客流大厅更加生动和谐，大厅墙壁以

图4-3-5 弗仑奇大厦室内，美国

西方古典柱式划分镜片及玻璃窗（图4-3-6）。

亚特兰大福克斯剧院的设计是采用伊斯兰装饰语汇的一个作品，因此它的外形以高耸的尖塔和圆屋顶为主要特色。内部极为华美，室内空间在人的头顶可以看到星星和流云，各种帷幕上有手工绣制、灿若繁星的金属饰片和水钻。所有的设施如管道和空调设备等都被巧妙地隐藏在精美的花格之中，到处都可见到阿拉伯式样的小挂毯（图4-3-7）。

另外，洛杉矶的哥里费斯天文台的建筑及环境设计也是典型的装饰艺术风格（图4-3-8）。

20世纪30年代初，在世界各地流行的工业化风格和"装饰艺术"风格影响之下，美国的设计开始出现了变革，其中《每日快报》大厦就是装饰艺术风格的代表（图4-3-9）。

尽管"装饰艺术"运动主要集中在美国、英国和法国，但是这种风格却成为世界流行风格，在世界很多地方都可以找到"装饰艺术"风格的建筑和室内设计。

图4-3-6 得克萨斯火车站室内，美国（左）

图4-3-7 亚特兰大福克斯剧院室内，美国（右）

图4-3-8 洛杉矶哥里费斯天文台，美国（左）

图4-3-9 《每日快报》大厦室内，美国（右）

第五章 — 现代人居环境

第一节　现代主义的诞生

现代主义设计是人类设计史上最重要的、最具影响力的设计活动之一。19世纪工业革命之后，随着科学技术的迅猛发展，在世界范围内人们的生活都发生了巨大改变。在此基础上，现代主义设计运动蓬勃发展起来，涌现了一大批著名设计师和优秀设计作品。现代主义建筑运动的崛起标志着建筑及环境设计的发展步入了一个崭新的发展阶段。进入20世纪以来，欧美一些发达国家的工业技术发展迅速，新的技术、材料、设备工具不断发明和完善，极大地促进了生产力的发展，同时对社会结构和社会生活也带来了很大的冲击。在设计观念上，建筑及环境设计领域重视功能和理性的主张成为现代主义设计的主流。

一、现代主义的开端

"现代主义"是一个文化含义十分宽泛的概念，它不是在单一的领域中展开的，而是由19世纪中叶开始的机械革命所导致的涉及工业、交通、通信、建筑、科技和文化艺术等诸领域的文化运动，它给人类社会带来的影响是空前的。

在人类文明史上，19世纪是一个令人激动的时代。蒸汽机的发明，被认为是这场机械革命的开端。此后，一系列的机械和技术革命便由此而引发，在通信、材料、冶炼和机械加工领域的工艺与技术改造，正以惊人的速度发展并达到了空前发达的程度。

建筑领域具有革命性贡献的是1852年发明的升降机以及由西蒙发明的电梯，这项技术为高层建筑的建造和使用解决了关键性的垂直交通问题。此外，在19世纪由法国发展起来的钢筋混凝土浇筑技术，经过技术改造，进一步完善了混凝土中钢筋的最佳配置体系，为建造大跨度空间提供了可能和结构材料的保证。建筑领域中的新材料、新技术、新工艺的不断涌现，为现代建筑的产生提供了不可或缺的技术支持和物质保障。毋庸置疑，生产力的发展是现代建筑产生的物质基础。

另外，20世纪初，在欧洲和美国相继出现了一系列的艺术变革，这场运动影响极其深远，它彻底地改变了视觉艺术的内容和形式，出现了诸如立体主义、构成主义、未来主义、超现实主义等一些反传统、富有个性的艺术风格。所有这些都对建筑及环境设计的变革产生了直接的激发作用。特别是在20世纪之初到两次世界大战之间期间，这些运动发展得如火如荼，在思想方法、创作手段、表现形式和表达媒介上对人类自从古典文明以来发展完善的传统艺术进行了颠覆性的、彻底的改革，完全改变了视觉艺术的内容和形式，这个庞大的运动浪潮，一般称为现代主义运动。

欧洲现代艺术基本沿着两条路径发展。一条是强调艺术家的个人表现，强调心理的真实写照，强调表达人类的潜在意识，受弗洛伊德的心理学影响，从表现主义，到超现实主义，一直到战后在美国发展起来的抽象表现主义基本是属于这种。另外一种，则在形式上找到新的表达方式。立体主义、构成主义、荷兰的"风格派"属于这一条路径。

当然在这两个途径之间也存在着其他方面的内容，比如达达主义，其在形式上探索平面上的偶然性、自发性、随意性；还有未来主义，意识形态上是企图表达对工业化的顶礼膜拜，对机械美学的推崇，而形式上在探索如何表达四维空间（时间），表现机械的美。在众多的现代艺术运动流派中，有不少对现代设计带来相当程度的影响，特别是形式风格上的影响。

在这样的背景下，现代主义设计首先从建筑发展起来。传统建筑形式已越来越不能满足人们的生活要求，人们需要在更短时间内营造更多的、经济的新型建筑来满足需要。随着建筑的结构、材料以及设备等技术方面取得的突破，采用新技术的建筑不断涌现，建筑理论也随之得到了空前的发展。

现代主义建筑运动的产生和发展得益于工业革命对社会发展的推动作用。由于现代主义在建筑的营造、使用、空间解读等方面与传统建筑发生了重大变革，现代主义与传统建筑的关系被认为是完全割裂了。而实际上，现代主义建筑是在继承和发扬传统建筑精神的基础上产生并不断发展起来的，现代主义建筑延续并发展了符合视觉美学规律的基本法则，并根据时代的要求加以新的诠释，注入新的内容。

现代主义建筑风格主张设计为大众服务，改变了数千年来设计只为少数人服务的立场。它的核心内容不是简单的几何形式，而是采用简洁的形式达到低造价、低成本的目的，从而使设计服务于最广泛的大众。现代主义设计先驱之一路斯（Adolf Loos，1870—1933）在其著作《装饰与罪恶》中系统地剖析了装饰的起源和它在现代社会中的位置，并提出了自己反装饰的原则立场，认为简单的内容形式、重视功能的设计作品才能符合现代文明，应大胆地抛弃烦琐的装饰。路斯曾疾呼"我们的时代不能产生新的装饰了，这恰恰是我们时代的伟大所在"。他不仅是理论上的先行者，在实践上也身体力行。早在1898年，他做的维也纳一家商店的室内设计，就毫无一点可称为装饰的东西，而完全依靠高质量的材料组合以及各种构件边界线条的比例和节奏，十分准确地表现了功能的纯洁形式。在第一次世界大战前，路斯设计了一些平屋顶的住宅，与1920年代以后，乃至更晚的现代主义毫无二致。住宅的室内空间朴素大方，暴露梁架，家具简朴并有许多固定在建筑中的橱架，门窗的木边框平整没有装饰线脚。

路斯的理论对20世纪的室内设计产生了深远的影响，然而他虽然系统地否定了装饰，但他还不能抓住机器化生产给现代设计带来的机运。

后来美国的现代建筑大师赖特（Frank Lloyd Wright，1869—1959）在他的《机器的工艺和艺术》一书中则更清晰地指出来自机器的挑战："在今天，我们必须认识到这种我们称为机器的，以钢和铁为外在象征的改造力已经发展到至少使艺术家必须去考虑它而不再去抵抗。"

赖特于1894年开设了自己的事务所，他使用钢材、石头、木材和钢筋混凝土，创造出一种新的并与自然环境相结合的令人振奋的新关系，而且在平面布置与外部轮廓等方面表现出非凡的天才。这时期的作品就是著名的"草原式住宅"（Prairie House）。其布局与大自然结合，使建筑物与周围环境融为一体（图5-1-1~图5-1-3）。"草原式住宅"

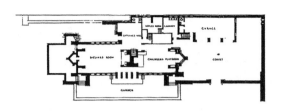

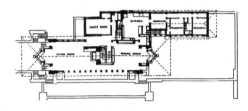

图5-1-1 "草原式住宅"平面

大多位于芝加哥郊区的森林中或是密执安湖滨，是中产阶级的别墅。它的平面常为十字形，以壁炉为中心，把起居室、书房、餐室都围绕着壁炉布置，卧室常放在楼上。室内空间尽量做到既分隔又联成一片，并根据不同的需要有着不同的层高。起居室的窗户一般比较宽敞，以保持与自然界的密切联系。建筑的外形充分反映了内部空间的关系。室内也尽量表现材料的自然本色与结构特征。由于它以砖木结构为主，所用的木屋架就被作为一种室内装饰暴露于外。比较典型的例子是赖特设计的罗伯茨住宅，平面也是草原式住宅惯用的十字形，大壁炉在它的中央，室内采用了两种不同的层高，起居室的净空是两层高度，在顶棚之下，还设有一圈陈列墙，可以布置瓶花、盆景或其他装饰品以进行艺术处理丰富室内空间。

在第一次大战期间，没有受到战争干扰的荷兰发展了新的设计及理论，出现了"风格派"（Destill），风格派的核心人物是画家蒙德里安（Piet Mondrian，1872—1944）和设计师里特威尔德（G. T. Rietveld，1888—1964）。风格派主要追求一种终极的、纯粹的实在，追求以长和方为基本母题的几何体，把色彩还原回三原色，图形都变成直角、无花

图5-1-2 "草原式住宅"，美国，芝加哥　　图5-1-3 "草原式住宅"

饰，用抽象的比例和构成追求绝对、永恒的客观实际。1924年里特威尔德在乌得勒支设计了施罗德住宅（Schroder House，图5-1-4～图5-1-6）。这座建筑其实就是风格派画家蒙德里安画作的三维版。建筑构成的各个组成部分，如墙、楼板、屋顶、柱子、栏杆、窗甚至是窗框、门框和家具，都不再被看作闭合整体中理所当然的或者可以视而不见的组成，而是表明各自不同的结构属性、功能属性和地位属性。在室内方面，里特威尔德曾在1917年设计了著名的红蓝椅，首次把蒙德里安的二维构成延伸到三维空间。这个被誉为是"现代家具与古典家具分水岭"的椅子，抛弃了所有曲线的因素，构件之间完全采用搭接方式，呈现出简洁明快的几何美感，同时也具有一种雕塑形态的空间效果和体量感。

总之，在20世纪早期设计思想和创作都异常活跃，现代主义的作品逐步出现在世界各地。而且在城市规划及城市设计方面也体现出鲜明的现代主义风格（图5-1-7）。

图5-1-4 施罗德住宅，荷兰，乌得勒支

图5-1-5 施罗德住宅室内

图5-1-6 施罗德住宅室内（左）

图5-1-7 芝加哥城市规划图（右）

二、包豪斯

包豪斯（Bauhaus）是1919年在德国成立的一所设计学院，也是世界上第一所完全为发展设计教育而建立的学院。

这所学院是由德国著名建筑家、设计理论家格罗皮乌斯（Walter Gropius，1883—1969）创建的。被称为现代建筑、现代设计教育和现代主义设计最重要奠基人的格罗皮乌斯生于1883年，他曾在柏林和慕尼黑学习建筑，1907年在柏林著名的建筑师贝伦斯的事务所工作，1918年第一次世界大战结束后，一些艺术家、设计师企图在这时振兴民族的艺术与设计，于是1919年格罗皮乌斯出任由美术学院和工艺学校合并而成的培养新型设计人才的包豪斯设计学院院长。1938年由于法西斯主义的扼制，他被迫来到美国哈佛大学，继续推进现代设计教育和现代建筑设计的发展。

格罗皮乌斯主张艺术与技术相结合，重视形式美的创新，同时对功能因素和经济因素予以充分重视，坚决同艺术设计界保守主义思想进行论战。他的这些主张对现代设计的发展起到了巨大的推动作用。1923年的包豪斯设计作品展是包豪斯首届毕业作品和教学成就的大检阅，除了师生设计的家具、灯具和各种日常工业品外，还展出了"院长办公室"的室内设计，充分展示了包豪斯学派的新风格（图5-1-8）。这个办公室平面布局是由办公和会客两个功能组成，为了界定出会客区，在其天花部位涂了蓝色的方块，沙发、书橱、茶几以及桌面上的文件架都以连续不断的直线条和平整的体积为设计母题，吊灯用纤细的铝管做的拉杆及垂直吊杆加强了线条的母题。地毯和挂毯是康定斯基的风格。展览会的另一个室内设计作品是霍思街住宅，在这里运用了装配式的厨房组合家具和设备，在当时这是前所未有的新观念。

格罗皮乌斯曾说，房子在建造之前就应该经过场地设计，要提前考虑好花园围墙，使建筑和环境融为一体。他设计的包豪斯住宅花园朴实无华，没有轴线，自然得体（图5-1-9、图5-1-10）。

现代主义设计重视空间，特别强调整体设计。现代主义建筑提出空间是建筑的主角的口号是建筑史上的一次飞跃，是对建筑本质的深刻认识。建筑意味着把握空间，空间应当是建筑的核心。著名建筑史学家S·吉迪恩（Sigfried Giedion）在其著作中把人类的建造历史

图5-1-8　包豪斯学院院长办公室

图5-1-9　包豪斯学院教师住宅

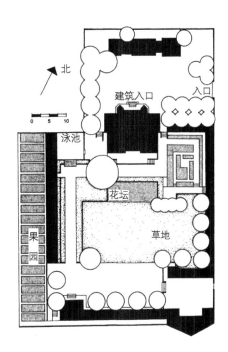

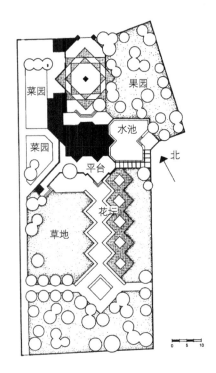

图5-1-10　格罗皮乌斯的庭院设计

描述为三个空间概念阶段: 最初穴居时, 人类虽然显示他们有惊人的创造力, 但只是利用而非建造。公元前2500年, 开始出现了真正意义的建筑, 如美索布达米亚人和埃及人的金字塔, 这些只是服从于外部的建造, 真正的内部空间还没有出现, 这可以称为第一空间概念阶段即 "有外无内"。公元100年古罗马万神庙出现了第一个塑造的室内空间, 圆形的穹顶至今让人感到震撼, 但外部形式却被忽略了, 技术和观念的困境使得外部形式与内部空间的分离持续了2000年, 这可称为第二个空间概念阶段, 即 "内外分隔"。后来继任包豪斯设计学院院长的密斯 (Mies Van der Rohe, 1886—1969) 于1929年为巴塞罗那世界博览会设计了德国馆, 使千年来内外空间的分隔被一笔勾销。空间从封闭墙体中解放出来, 这被称为第三个空间概念阶段, 即 "流动空间"。这个作品充分体现密斯 "少就是多" 的著名理念, 也凝聚了密斯风格的精华和原则: 水平伸展的构图、清晰的结构体系、精湛的节点处理以及高贵而光滑的材料运用。在这个作品中密斯以纤细的镀铬柱衬托出了光滑的理石墙面的富丽, 理石墙面和玻璃墙自由分隔, 寓自由流动的室内空间于一个完整的矩形中。室内的椅子是有采用扁钢交叉焊接成X形的椅座支架, 上面配以黑色柔光皮革的坐垫, 这就是其著名的 "巴塞罗那椅"。德国馆是现代主义建筑最初的重要成果之一。它在空间的划分和空间形式处理都创造出成功的范例, 并利用新的材料创造出令人惊叹的艺术效果 (图5-1-11~图5-1-15)。

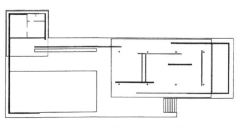

图5-1-11　"德国馆" 平面

图5-1-12 "德国馆"，西班牙，巴塞罗那　　　　　　图5-1-13 "德国馆"室内

图5-1-14 "德国馆"内景　　　　　　　　　　　图5-1-15 "德国馆"内景

　　包豪斯对于现代主义设计来说是十分重要的一页，它的思想至今还影响着各国的设计界，而其最重要的贡献是奠定了现代建筑和工业设计教育的坚实基础。

三、柯布西耶与赖特

　　柯布西耶（Le Corbusier，1887—1965）是现代主义建筑运动的大师之一。从20世纪20年代开始，直至去世为止，他不断地以新奇的建筑观点和建筑作品以及大量未实现的设计方案使世人感到惊奇。他后期的设计已超越一般的现代主义设计而具有跨时代的意义了。

　　柯布西耶出生于瑞士，1917年移居巴黎，1920年与新画派画家和诗人创办了名为《新精神》的综合性杂志，后来又提出了著名的"建筑是居住的机器"的观点。1925年在巴黎装饰艺术展览上，他展出了一个居住单元的设计。这个单元可以拼合成更大的居住体。它有两层，从二层的室内阳台可以俯瞰底层两层高的起居空间，这对于狭小的基地而言，无疑是提高了空间的质量和效果，室内墙面不做装饰，只挂着现代装饰画。

　　柯布西耶在现代主义大师中论述最多，理论最全面。他早期的《走向新建筑》一书，主张把建筑美和技术美结合起来，把合目的性、合规律性作为艺术的标准，主张创造表现时代精神的建筑，同格罗皮乌斯一样，提出建筑设计应该由内到外，外部的形式是内部功能的结果。萨伏伊别墅（Villa Savoye）就是他早期作品的代表，这一作品的内部空间比较复杂，各楼层之间采用了室内很少用的斜坡道，坡道一部分隐在室内，一部

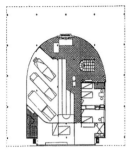
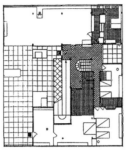

图5-1-16　萨伏伊别墅一层平面（左）、二层平面

图5-1-17　萨伏伊别墅室内

图5-1-18　萨伏伊别墅内景

图5-1-19　萨伏伊别墅，法国

分露于室外。这样既加强了上下层的空间连续性，也增强了室内外空间的互相渗透，但空间序列安排的十分合理，各种曲线的形体进一步增加了空间的节奏与变化，整个室内好像一部复杂的机器，正如柯布西耶所作的形象比喻"居住的机器"（图5-1-16～图5-1-19）。

赖特在两次世界大战期间设计了不少优秀建筑。1936年，他设计了著名的流水别墅（Falling Water），这是为巨商考夫曼（E. J. Kawfman）在宾夕法尼亚州匹兹堡市郊区一个叫熊跑溪的地方设计的别墅。其设计是把建筑架在溪流上而不是小溪旁。别墅采用钢筋混凝土大挑台的结构布置，使别墅的起居室悬挂在瀑布之上。在外形上仍采用其惯用的水平穿插、垂直对比的手法，形体疏朗开放，与地形、林木、山石流水关系密切。室内外空间连续而不受任何因素破坏。起居室的壁炉旁一块略为凸出地面的天然巨石被原样保留着，地面和壁炉都是就地选用石材砌成。在空间上，通往巨大起居室的过程，正如经常出现在赖特作品中的一样，必须先通过狭小而昏暗的有顶盖的门廊，然后进入反方向斜上的主楼梯。赖特对自然光的巧妙利用，使室内空间生机盎然，光线流动于起居空间的东、西、南三侧，从北侧及山崖上反射进来的光线和反射在楼梯的光线，显得朦胧柔美。另外，流水别墅的空间陈设的选择、家具样式设计与布置也都匠心独具，使内部空间更加精致和完美（图5-1-20～图5-1-23）。

与流水别墅同年动工的约翰逊（Johnson）制蜡公司办公楼开辟了赖特风格的新领

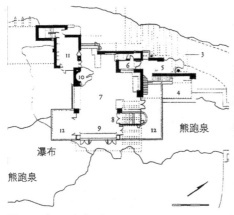

图5-1-20　流水别墅平面

图5-1-21　流水别墅，美国，匹兹堡

图5-1-22　流水别墅室内

图5-1-23　流水别墅室内

图5-1-24　约翰逊制蜡公司办公楼室内，美国，纽约

域，在这座建筑中赖特开始使用占主导地位的曲线要素。室内是林立的细柱，中心是空的，由下而上逐渐增粗，在顶部以阔而薄的圆板为柱头而结束。许多这样的柱子排列在一起，圆板之间的空档用玻璃覆盖，形成带天窗的屋顶。这座建筑结构特殊，形象新奇，仿佛是未来世界的建筑。约翰逊大楼是对日益扩张的长方形国际风格的一种挑战，无论如何，它又一次印证了赖特无穷无尽的创造力，并导致此后产生许多体现圆形母题的建筑（图5-1-24）。

赖特一系列涉及圆形母题的建筑中，还有一座引起广泛争议的古根海姆博物馆（The Guggen Heim Museum）。美术馆由4层的办公楼与6层的陈列空间以及地下报告厅组成。陈列空间是一圆筒形大厅，直径30.5m，整个空间实际上是长431m的螺旋形坡道展廊，螺旋坡道环绕大厅而上，底层坡道宽约5m，直径28m左右，向上逐渐向外加大直径，直到顶层直径39m，坡道宽约10m，可容纳1500人参观。大厅内的光线主要来自上面的玻璃圆顶，另外沿坡道的外墙上也有条形高窗。人们进入大厅后往往乘半圆形电梯直登顶层，然后沿螺旋坡道向下参观。但是这种坡道作为展览空间来说会产生诸多不便，坡道的宽度对大型作品的观赏距离也有所限制，由于坡道是倾斜的，人们会感到展品的位置不正（图5-1-25、图5-1-26）。

赖特把自己的作品称作有机建筑。他自己解释说，有机建筑是一种由内而外的建筑，它的目标是整体性，有机表示是内在——哲学意义上的整体性。赖特的这种有机理论及与环境相联系的动态空间概念为现代主义空间设计写下了不朽的篇章。

图5-1-25　古根海姆博物馆，美国，纽约　　　图5-1-26　古根海姆博物馆室内

第二节　国际主义风格时期

第二次世界大战结束后，西方国家在经济恢复时期开始进行大规模建筑活动。造型简洁、重视功能并能大批量生产的现代主义建筑迅猛地发展起来，建筑及室内设计观念日趋成熟，从而形成一个比较多样化的新局面。但总的来说由1945年至70年代初期属国际主义风格（International Style）逐渐占主导地位的时期。

国际主义风格运动阶段主要是以密斯的国际主义风格作为主要建筑代表形式，特征是采用"少就是多"的原则，强调简单、明确、结构突出，强化工业特点。在国际主义风格的主流下，出现了不同风格的探索，并以多姿多彩的形式丰富了建筑及室内设计的风格和面貌。

一、粗野主义、典雅主义和有机功能主义

以保留水泥表面模板痕迹、采用粗壮的结构来表现钢筋混凝土的"粗野主义"（Brutalism）是以柯布西耶为代表，追求粗犷的、表现诗意的设计是国际主义风格走向高度形式化的发展趋势。1950年柯布西耶在法国一个小山区的山冈上设计的朗香教堂（La Chapelle de Ronnchamp）是其里程碑式的作品（图5-2-1～图5-2-3）。粗糙而古怪的形状，无论是墙面还是屋顶几乎找不到一根直线。内部空间长约25m、宽约13m，一半空间设置了座椅，一半空着，分别供坐着和站着的祈祷者使用。祭坛在大厅的东面，墙面仍是向内弯曲的弧线形，窗户大小不均、上下无序成为一个个透光的方孔，当光线射进室内时便组成奇特的光的节奏。圣母像就安置在墙上的窗洞中，顶棚下坠，光线昏暗神秘，迫使人们只能把视线向祭坛方向延伸，造成一种"唯神忘我"的宗教感受。柯布西耶的另一个粗野主义作品是圣玛丽修道院。修道院整个内部空间像个神奇的迷宫，走廊上光窗以模度划分，形成形式上的节奏感，中厅是由浑厚粗糙的钢筋混凝土三面围绕，充满着令人迷幻和神秘的气氛。

"典雅主义"（Formalism）讲究结构精细、简洁利落，代表人物是曾设计纽约世界贸易中心的日裔美国建筑师雅马萨奇（Minoru Yamasaki，1912—1986）。针对单纯强调

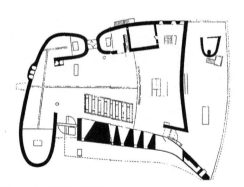

图5-2-1 朗香教堂平面

图5-2-2 朗香教堂，法国

图5-2-3 朗香教堂室内，法国

功能的现代主义建筑，雅马萨奇提出设计要满足心理功能，即秩序感等美的因素以及使人的生活增加乐趣和令人欢愉振奋的形态，而不仅仅是实用这个功能要求。1955年他在底特律设计的麦克格里戈（Mc Gregor）纪念会议中心就是努力探索典雅主义室内设计的代表作品，它是在国际主义风格的基础上进行细部处理，改变了现代主义风格单调、刻板的面貌，赋予建筑空间以形式美感。

图5-2-4　西格拉姆大楼，美国，纽约　　　　　　　　　　图5-2-5　西格拉姆大楼室内

"国际主义风格"的命名人——约翰逊（Philip Johnson，1906—2005）也是后现代主义大师，成为为数不多横跨两个时代的人物。这一时期的代表作就是接受密斯的邀请与其合作西格拉姆大楼（The Seagram Builing）内部设计。这一作品中设计师开始有意识地引用典雅主义手法，使国际主义风格表现得较为丰富和典雅（图5-2-4、图5-2-5）。

另外，约翰逊早在1949年为自己设计

图5-2-6　"玻璃住宅"，美国

的"玻璃住宅"（图5-2-6），就已在室内设计中流露出典雅主义倾向。起居室中布置的密斯巴塞罗那椅，其精致的形式和建筑空间极为协调，同时运用油画、雕塑和白色的长毛地毯等室内陈设品丰富了过于简练的建筑结构形式，这一设计说明这一时期设计师已充分考虑到使用者的心理需求。

象征着建筑师和工程师之间进行创新与合作取得伟大成就的芝加哥约翰·汉考克大楼（The John Hancock Center），被认为是美学和结构创新的大胆结合，曾引起人们极大的关注。其室内设计同建筑设计一样具有比较讲究的典雅主义细节。其室内适宜尺度和细部的精心处理，使人们对这整洁、优雅而安静的室内环境充满好感（图5-2-7、图5-2-8）。

被称为美国第一代景观设计师的托马斯·丘奇（Thomas Church，1902—1978）将他关于欧洲地中海园林和加州园林的研究运用到实践中，其中代表作品是唐纳花园，花园由入口院子、游泳池、平台、草坪和餐饮建筑组成。花园设计简洁流畅、疏朗大气、浑然天成，同时设计选材也体现出现代特质，平台分别由杉木铺地和混凝土铺装（图

5-2-9、图5-2-10）。

以粗壮的有机形态，用现代建筑材料和结构设计大型公共建筑空间的最突出的代表人物——美国建筑师沙里宁（Eero Saarinen，1910—1961）被称为有机功能主义的先锋。有机功能主义（Organic Functionalism）风格是采用有机形态与现代建筑构造结合，打破了国际主义建筑简单立方体结构的刻板面貌，增加建筑内外的形式感。肯尼迪国际机场（Kennedy Airport）的美国环球航空公司候机大楼是沙里宁有机功能主义的重要代表作品。大楼充分运用自然主义的造型，外观酷似一只振翅欲飞的大鸟，巨大的两翼伸展着，轻盈舒展、引人注目，具有令人兴奋的张力与动感，完美地贴近于机场建筑的功能性。内部空间层次丰富、功能合理，更重要的是由于结构的因素产生一种全新的空间形象，它集象形特质、应力形态与功能性于一体，实现了形式、结构和功能的统一，是突破了国际主义风格走向有机形态道路的重要作品（图5-2-11 ~ 图5-2-13）。

被称为建筑史上最经典的抒情建筑的悉尼歌剧院也应属于这一风格的作品，尤其是最小的一组壳片拱起屋面系统覆盖下的餐厅的室内，更是有一种前所未有的视觉空间效果（图5-2-14）。

图5-2-7 约翰·汉考克大楼及周 **图5-2-8** 约翰·汉考克大楼室内
围环境，美国，芝加哥

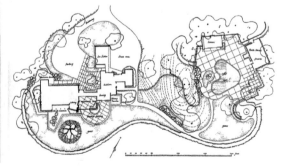

图5-2-9 唐纳花园，美国 　　　**图5-2-10** 唐纳花园平面图

图5-2-11 肯尼迪国际机场，美国

图5-2-12 肯尼迪国际机场室内

图5-2-13 肯尼迪国际机场室内

图5-2-14 悉尼歌剧院，澳大利亚

二、1960年代以来的现代主义

1960年代以后，现代主义设计继续占主导地位，国际主义风格发展得更加多样化，与此同时，环境的观念开始形成，建筑师思考的领域扩大到阳光、空气、绿地、采光照明等综合因素的内容。室内外空间的分界进一步模糊，高楼大厦内开始出现街道和大型庭院广场，公共空间中强调休闲与娱乐等更富人性化的氛围。

美国著名现代建筑师约翰·波特曼（John Portman）以其独特的旅馆空间成为这一时期杰出的代表。他以创造一种令人振奋的旅馆中庭：共享空间——"波特曼空间"而闻名。共享空间在形式上大多具有穿插、渗透、复杂变化的特点，中庭共享空间往往高达数十米，成为一个室内主体广场。波特曼重视人对环境空间感情上的反应，手法上着重空间处理，倡导把人的感官因素和心理因素融入设计。如采用一些运动、光线、色彩等要素，创造出一种宜人的、生机盎然的新型空间形象。由波特曼设计的亚特兰大桃树广场旅馆的中庭就是这种典型的共享空间，中庭是由支撑整个大厦结构的6层高的圆柱围合成的，各层的平面部分只剩下电梯井的位置和狭窄的走廊。在圆柱外围几个高度上层层后退的挑台形成上大下小的空间。挑台上设有咖啡座，种植树木、悬挂藤蔓植物。中庭地面由湖水覆盖，柱间水面上设置着椭圆形像船一样的咖啡厢座以及圆形的树池。

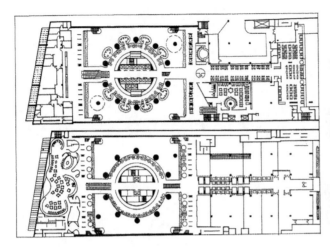

图5-2-15　桃树广场旅馆平面

图5-2-16　桃树广场旅馆室内，
美国，亚特兰大

阳光由屋顶的玻璃天窗射入室内，进而使整个空间气氛更加令人赏心悦目。顶部的餐厅共分为3层，人们从中间层进入，上楼可达旋转的鸡尾酒会厅，下楼可通往旋转餐厅。当餐厅旋转时，人们会随着空间的位移而观赏到不断变化的美景，充分感受着运动所带来的连续不断的空间体验（图5-2-15、图5-2-16）。

亚特兰大海特摄政旅馆是波特曼在旅馆空间设计中取得成功的又一例子。建筑的主体是一个巨大方体造型，立面布满阳台，楼顶是一个旋转的餐厅。内部中庭是一个22层66m高的巨大共享空间，大厅里设有咖啡厅、酒廊、喷泉和雕塑，而且很多室外街道的因素也包含其中，淡化了室内外空间的概念，为入住者提供了既是城市街区又是内部空间的感受。大厅一侧挺拔青翠的树木与各层外廊栏板上的藤蔓植物相映成趣。

大厅中最引人注目的是四部观光电梯，装饰着华灯的透明玻璃梯厢在巨大柱形体量中上下穿行。自下而上，人们乘坐电梯缓缓升起，首先看到的是视点不断提高的中庭，由于中庭的透视关系不断发生位移，看到的则是一幅连续的动态画面。进入22层以后，电梯进入了狭小的梯井，视野暂时中断。通过层顶，眼前突然一片明亮，人们看到的是整个城市，之后便进入顶层鸡尾酒厅（图5-2-17）。

波特曼的共享空间在1980年代初又有更进一步的发展。由蔡德勒

图5-2-17　海特摄政旅馆室内，美国，亚特兰大

在加拿大多伦多设计的伊顿中心（Eaton Center）也取得了空前的成功，而且对当时世界的商业购物中心影响很大。伊顿中心创造出一个极富生活气息、功能完备、充满情感和美感的城市商业环境。内部空间布局是以横向与纵向的步道廊作为交通网络，在十字路口处开辟了小广场，形成一个个景点。其中最让人流连忘返的是气势宏大、魅力无穷的中央大厅。在长达131m的拱形天窗下，悬挂着60只飞翔的海鸥造型，不仅解决了大空间过于空旷的问题，而且让人仿佛置身于辽阔的大海中，海鸥下边井然有序地分布着天桥、阶梯平台、自动扶梯、直升电梯、喷水池、树木、街灯等设施和景点，组成一道美妙绝伦的风景。中央大厅下的各楼层都有多个通道与地铁出口和城市街道相连接。在空间形式构思方面蔡德勒提出了"视觉城市"概念，即公共空间的处理要充分考虑视觉效果，才能创造出一种迷人的、积极向上的、充满空间情趣和魅力的城市空间（图5-2-18）。

始终坚持现代主义建筑原则的美籍华裔著名建筑大师贝聿铭（1917—）设计的华盛顿国家美术馆东馆也是这一时期最重要的作品。他成功地运用了几何形体，构思巧妙，建筑与周围环境非常协调。建筑造型简洁典雅，空间安排舒展流畅、条理分明，适用性极强。东馆位于一块直角梯形的用地上，贝聿铭运用一个等腰三角形和一个直角三角形把梯形划分为两部分，从而取得了同老馆轴线的对应关系。内部的空间处理更是引人入胜，巨大宽敞的中庭是由富于空间变化、纵横交错的天桥与平台组成，巨大的考尔得黑红两色活动雕塑自三角形母题的采光顶棚垂下，使空间顿感活跃，产生了动与静、光与影、实与虚的变幻。还有一幅米洛挂毯挂在大理石墙上，使这堵高大而单调的墙面生色不少。中庭还散落一些树木和固定艺术构件与空间互相渗透，相映生辉（图5-2-19～图5-2-21）。

充分体现贝聿铭的环境设计和多元因素综合原则的最好案例要属香山饭店。饭店位于北京著名的香山公园内。考虑到这里是幽静、典雅的自然环境以及周边众多的历史文物，因此设计把西方现代建筑的结构和部分因素同中国传统的建筑语言，特别是园林建筑和民居院落等因素结合起来，形成一幢体现中国传统文化

图5-2-18 伊顿中心，加拿大，多伦多

图5-2-19 华盛顿国家美术馆东馆，美国

图5-2-20　华盛顿国家美术馆东馆局部　　　　图5-2-21　华盛顿国家美术馆东馆室内

精华的现代建筑。饭店分成五个区域，中央区域的中心也是一个带有采光玻璃顶棚的中庭，是整个饭店主要的公共活动部分。粉墙翠竹、山石水池组织在一起形成一个中国式的中庭，再加上重复使用的中国传统符号特征的墙面图案，越发加强了中国文化的魅力。从中央区域伸展出的客房区，内部设计也是别具匠心，客房及走廊的窗子就像中国园林中常见的漏窗那样成为一个个观看室外景色的画框，这种借景入室的手法比比皆是，从而构成了室内丰富的景致（图5-2-22、图5-2-23）。

　　贝聿铭最引起世界广泛好评的项目是巴黎卢浮宫的扩建工程，即卢浮宫前的"玻璃金字塔"，这一设计很好地解决了扩建工程与历史建筑的关系（图5-2-24）。

　　景观设计方面，盖瑞特·艾克博（Garrett Eckbo 1910—2000）非常有影响力，他曾出版《为生活的景观》阐述景观与花园的功能意义，并试图将自己的观念发展成为20世纪景观设计的完整理论。他强调空间是设计的最终目标，材料只是塑造空间的物质；认为景观的特质是由气候、土地、水、植物和地域综合而成的"特定条件"所决定。阿蔻花园，是艾克博景观设计的代表作品，也是他实施新思想、实验新材料的场所。园中最抢眼的就是有铝合金建造的花园凉棚和喷泉（图5-2-25、图5-2-26）。他的作品还有位于洛杉矶的"联合银行广场"的公共空间，广场在40层的办公楼脚下，也是三层停车场的屋顶。广场设计的成功使得市中心商业得以复苏，提升了城市环境品质（图5-2-27）。

图5-2-22　香山饭店，中国，北京　　　　图5-2-23　香山饭店室内

图5-2-24　卢浮宫，法国，巴黎　　　图5-2-25　阿蔻花园，美国洛杉机

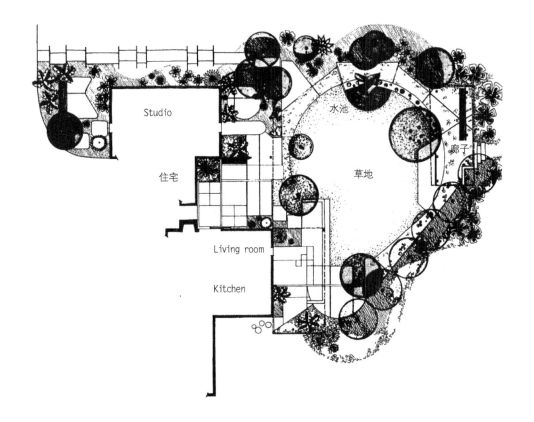

图5-2-26　阿蔻花园平面图

　　丹·克雷（Dan Kiley）也是美国现代景观设计奠基人之一，他曾游历欧洲，实地考察古罗马建筑遗迹、法国园林、西班牙花园和意大利庄园等欧洲的古典园林，对园林中以几何方式组合的林荫道、树丛、绿地、喷泉水池等要素产生清晰完整的空间和无限深远的感觉情有独钟。米勒花园的设计标志着他独特风格形成，米勒花园围绕建筑将基地分成具有古典特质的庭院、草地和树林三部分，并以建筑秩序为出发点将空间扩展到庭院中去，形成一个自由平面和几何结构，探求的是建筑与景观之间的有机联系，人们置身其间的感受就像置身密斯的巴塞罗那德国馆一样，（图5-2-28、图5-2-29）。克雷的

公共空间作品当属法国德方斯的达利中心，这是德方斯核心区域步行大道。设计提供了穿越交通的走廊和进行休闲的线性公园，水池、喷泉、叠水和林荫道穿插其中，很好地烘托了德方斯巨门建筑空间（图5-2-30）。

另外，劳伦斯·哈普林为波特兰市设计系列广场绿地中的演讲堂前厅广场（图5-2-31、图5-2-32）和道森设计的约翰迪勒总部也是这一时期的重要代表（图5-2-33、图5-2-34）。

图5-2-27 "联合银行广场"景观设计，美国洛杉矶

图5-2-28 米勒花园，美国印第安纳

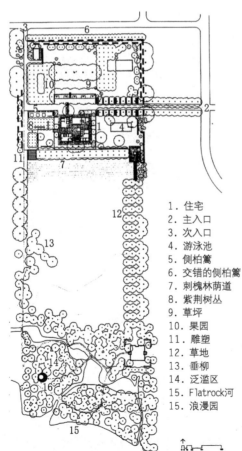

1. 住宅
2. 主入口
3. 次入口
4. 游泳池
5. 侧柏篱
6. 交错的侧柏篱
7. 刺槐林荫道
8. 紫荆树丛
9. 草坪
10. 果园
11. 雕塑
12. 草地
13. 垂柳
14. 泛滥区
15. Flatrock河
15. 浪漫园

图5-2-29 米勒花园平面图

图5-2-30 德方斯的达利中心景观设计，法国巴黎

图5-2-31 "演讲堂前厅广场"，美国波特兰

综上所述，国际主义风格时期的建筑设计与室内设计、景观设计，尽管作品风格不相同，但都注重功能和建筑工业化的特点，反对虚伪的装饰。在室内设计方面还具有空间自由开敞、内外通透，内部空间各界面简洁流畅，家具、灯具、陈设以及绘画雕塑等质地纯洁、工艺精细等特征。

图5-2-33　约翰迪勒总部景观设计

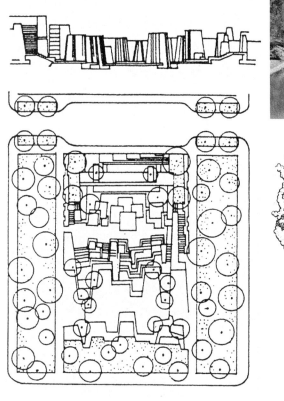

图5-2-32　"演讲堂前厅广场"平面图

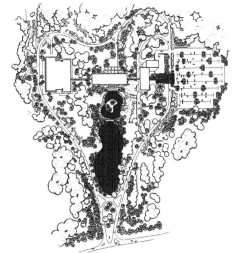

图5-2-34　约翰迪勒总部景观平面图

第三节　后现代主义

1960年代末，在建筑中产生的后现代主义主要是针对现代主义、国际主义风格的垄断，风格千篇一律、单调乏味的减少主义特点，主张以装饰的手法来达到视觉上的丰富，设计讲究历史文脉、引喻和装饰，提倡折中的处理手法。后现代主义20世纪70、80年代得到全面发展，产生了相当大的影响。"后现代主义"（Post—Modernism）这个词含义比较复杂。从字面上看，是指现代主义以后的设计风格。早在1966年，美国建筑师文丘里（Robert Venturi，1925—）发表了具有世界影响的后现代主义里程碑式的著作《建筑的复杂性与矛盾性》。他认为形式是最主要的问题，提出要折中地使用历史风格、波普艺术的某些特征和商业设计的细节，追求形式的复杂性与矛盾性来取代单调刻板、冷漠乏味的国际主义风格，这不仅继承了现代主义设计思想，而且更重要的是拓宽了设计的美学领域。

一、戏谑的古典主义

戏谑的古典主义（Ironic Classicism）是后现代主义影响最大的一种设计风格，它是用折中的、戏谑的、嘲讽的表现手法来运用部分的古典主义形式或符号，同时用各种刻意制造矛盾的手段，诸如变形、断裂、错位、扭曲等把传统构件组合在新的情境中，以期产生含混复杂的联想，在设计中充满一种调侃、游戏的色彩。

被称为后现代主义室内设计典范作品的奥地利旅行社，是由汉斯·霍莱因（Hans Hollein）于1978年设计的。旅行社营业厅设在一楼，是个独特的饶有风味的中庭。中庭的顶棚是拱形的发光天棚，它仅用一颗植根于已经断裂的古希腊柱式中的白钢柱支撑，采用这种寓意深刻的处理手法体现了设计师对历史的理解。钢柱的周围散布着9棵金属制成的摩洛哥棕榈树，象征着热带地区，金色的树干树叶让人想起热带炫目的太阳，闪烁的自然光和灯光在金属间相互衬映反射，暗示出一种贵族趣味的场所感。透过宽大的棕榈树可以望见架于大理石底座上具有浓郁印度风格的休息亭，由此又引发人们一种想象，一种对东方久远文明的向往。当人们从休息亭回头观望时，会看到一片倾斜的大理石墙面与墙壁相接，使人很自然联想到古埃及的金字塔。售票柜台后面背景是木刻的瑟里奥名画的局部，柜台正上方悬挂着金属帷幕。正对入口飘扬着奥地利国旗，它与远处的两只飞翔的雄鹰一起在寂静的空间中飞舞，把界定的空间变得流动而辽阔。所有这些历史的、现代的、不同地域、不同国家的语言符号恰如其分地体现着文丘里的"含混"、"折中"和"复杂"。而且在这里具体运用这些引喻象征的语汇也引发了人们对异国情调的无限遐思和对旅行的热切向往与期待（图5-3-1～图5-3-5）。

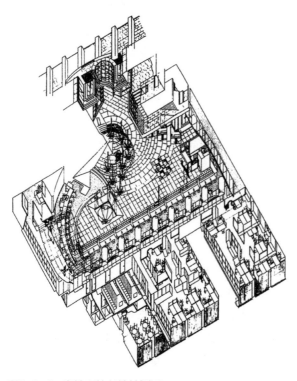

图5-3-1　奥地利旅行社轴测图

汉斯·霍莱因生于维也纳，

图5-3-2 奥地利旅行社室内之一

图5-3-3 奥地利旅行社室内之二

图5-3-4 奥地利旅行社室内之三

图5-3-5 奥地利旅行社室内之四

曾在美国加利福尼亚大学获得硕士学位，是后现代主义建筑设计的著名代表人物之一。他才思敏捷，态度严谨，勇于创新。他的作品强调物体的场所意义和物体与物体的空间变化关系，用历史、文化的背景创造新的室内空间形象。维也纳士林珠宝店（Scllin Jewelry Shop）是他在1972年设计的一个面积仅14m²的小店，但因其具有奇特的造型和巧妙的构思，受到普遍关注。

穆尔（C. Moore，1925—1994）是美国后现代主义最重要的设计大师之一，他于1977～1978年与佩里兹（A. Perez）合作为新奥尔良市（New Orleans）的意大利移民而建的"意大利广场"是后现代主义早期的重要作品（图5-3-6、图5-3-7）。这是一个为意大利移民建造的公共活动、休闲的场所。在这里穆尔用诙谐的手法，把严肃的古典建筑语汇和拉斯维加斯街头的现代情调糅合在一起，创造了一个极富戏剧性效果、光怪陆

图5-3-6 "意大利广场"，美国，新奥尔良　　图5-3-7 "意大利广场"夜景

离的都市的舞台。广场平面为圆形。一侧设置了象征地中海的大水池，池中是由黑白两色石板砌成的、带有等高线的意大利地图，而西西里岛被安放在圆形广场的中心，这寓意着一股清泉从"阿尔卑斯山"流下，浸湿了意大利半岛，流入"地中海"，而移民们的家乡——"西西里岛"就位于广场的正中心，隐喻着意大利移民多是来自该岛的事实。一系列环状图案由中心向四周发散，十分明确。

　　围绕着这一中心，广场的周围是一系列呈同心圆弧形排列、色泽艳丽的柱廊，采用了不同的古典柱式作为母题，这些柱式尤其富有喜剧色彩。看似罗马时代的五种柱式应有尽有，但实际并不是那样，柱头、柱身采用亮闪闪的不锈钢，塔司干柱式身披水幕，科林斯柱的柱颈上套着霓虹管，有的柱子变成镀铬构件。穆尔本人的头像被放在了额枋上，口里还向外吐着水。同时，这些柱廊被分别涂上鲜艳的色彩，相互穿插，形成了层次十分丰富的景观。

　　在它落成后不久，《纽约时报》著名建筑评论家戈德伯格（P. Gold berger）在一篇评论中称它是"打在古典派脸上的一记庸俗的耳光"，它"有一种极好的性格，充满亲切意味，热情快乐"，它"完全不是对古典主义的嘲弄"，而是"一种欢欣，几乎是对古典传统歇斯底里般高兴地拥抱"。尽管意大利广场的确疯狂而杂乱，甚至庸俗，但它的确让人感受到了欢快、兴奋、亲切和浪漫。与其他冷冰冰的水泥广场相比，这里似乎更富有人情味，更让人感到舒适和欢娱。

　　日本建筑大师矶崎新于1983年设计建成的筑波中心（Tsukuba Center），也是最重要的后现代主义作品之一（图5-3-8～图5-3-10）。筑波中心是一个集旅馆、音乐厅、银行、信息中心、商店为一体的综合性建筑群。矶崎新在设计中充分运用借鉴的手法，把

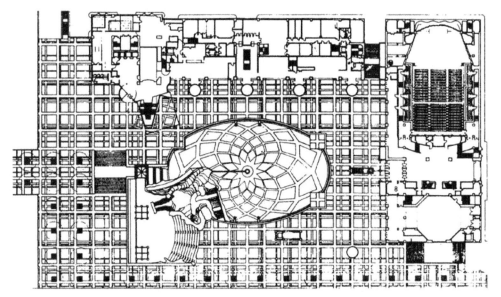

图5-3-8　筑波中心平面

图5-3-9　筑波中心，日本，东京

图5-3-10　筑波中心下沉广场

不同历史时期的语汇并置在一起，形成一个多中心的、更有魅力的建筑群。建筑物围绕一个椭圆形的下沉式广场布置。广场的形式引用了米开朗琪罗的罗马市政厅广场的设计，但设计的相互关系却被颠倒了过来，罗马市政厅广场是建在山坡上的，现在变成了下沉的；真正的罗马市政厅广场的构图中心是骑在马背上的罗马皇帝奥勒留铜像，而矶崎新设计的广场的中心却消失在一泓清泉之中，铺装的图案也黑白颠倒。此外，椭圆形广场的一角被一片不规则的石径所打断，一条涓涓的流水一直流入中心，广场一角已经皱褶变形，在石径的最高处还有一棵维也纳奥地利旅行社式的青铜质地的月桂树。建筑的立面也是各个时期不同风格建筑师作品片段的综合。

矶崎新是这样阐述筑波中心的："我把形形色色各种片断形象冲突而和谐地分别组合起来，让它们回旋环绕在中心空虚物的四周。因为许多片段是引自历史形式，……必须将它们从原来的文脉关系中撕拉出来，然后转换为新创造的文脉关系。在这个转换过程中，有些构成要素变化很大，有些则彻头彻尾地被抽象化了，并且不能识别辨认出它们了。"

筑波中心是后现代主义极其重要的作品之一。它的出现代表着后现代主义设计在日本拉开了序幕。

由日本建筑师黑川纪章（Kisho Kurokawa）设计的东京华歌尔曲町大厦的顶层皇家接待厅的室内，带有浓郁的东方神秘主义色彩，也是典型的后现代主义风格作品。在进入接待厅之前，必须穿过一条长长的画廊。画廊一侧墙面是由壁柱和檐口形成的展面；另一侧靠近地面部分开了一条通长的带形窗，透过玻璃可以看到窗外日本传统的枯山水景观。画廊的尽端便是皇家接待厅，接待厅的顶棚是半圆形的拱顶，沿中央增加了一层平顶，拱顶两侧的收口部分增加两个水平檐口，这三条水平饰面都与弧形拱顶悬空。里面安放反射间接照明，顶部变得异

图5-3-11　华歌尔曲町大厦，日本，东京

常明亮而看不到周边的弧形结构，以象征无限的天空。中央平顶部分又向上凹入几个梅花形，里边装饰着传统的八角形吉凶方位图，可充分看出里面所蕴藏着的东方神秘主义宇宙观，使空间更显得神秘虚幻。两侧檐口下的墙面分格划分，让人联想到日本的纸隔扇屏风。分格墙面上边便是东方建筑特有的斗拱。入口大门则完全是典型的西方古典门楣造型。在这里，黑川纪章有意识地把代表日本宇宙观的图像、代表东方文化的斗栱同西方的象征符号混在一起，来达到其"共生"的设计理念，同时也显示出对本土文化的欣赏和追求东西方文化交流与和谐的愿望（图5-3-11）。

图5-3-12　迪士尼世界天鹅旅馆，美国，佛罗里达

由美国后现代主义大师格雷夫斯（Michael Graves, 1934—）在佛罗里达设计的迪士尼世界天鹅旅馆（图5-3-12～图5-3-16）和海豚旅馆（图5-3-17～图5-3-21）也带有明显的戏谑古典主义痕迹。建筑的外观富有鲜明的标志性，巨大的天鹅和海豚雕塑被安置在旅馆的屋顶上。内部设计更是同迪士尼的"娱乐建筑"保持一致，而且格雷夫斯在设计中大量使用了绘画手段，旅馆大堂的顶棚、会议厅和客房走廊的墙壁到处充满着花卉、热带植物为题材的现代绘画。夸张的椰子树造型装饰也随处可见，让人体验到步入迪士尼童话王国般的戏剧感受，到处洋溢着节日般欢快的气氛。在这里古典的设计语汇仍然充斥其中，古典的线脚、拱券和灯具，以及中世纪教堂建筑中的集束柱都非常和谐地存在于空间之中。

图5-3-13 迪士尼世界天鹅旅馆大堂之一

图5-3-14 迪士尼世界天鹅旅馆室内

图5-3-15 迪士尼世界天鹅旅馆大堂之二

图5-3-16 迪士尼世界天鹅旅馆咖啡厅

图5-3-17 迪士尼世界海豚旅馆，美国，佛罗里达

图5-3-18 迪
士尼世界海豚旅
馆外景局部

图5-3-19 迪士尼世界海豚旅馆

图5-3-20 迪士尼世界海豚旅馆室内 　　　图5-3-21 迪士尼世界海豚旅馆室内

二、传统现代主义

传统现代主义其实也是狭义后现代主义风格的一种类型。它与戏谑的古典主义不同，没有明显的嘲讽，而是适当地采取古典的比例、尺度、某些符号特征作为发展的构思，同时更注意细节的装饰，在设计语言上更加大胆而夸张，并多采用折中主义手法，因而设计内容更加丰富、奢华。

格雷夫斯设计的位于肯塔基州的休曼纳（Humana）大厦，是他最为突出的传统现代主义代表作品，内部设计更堪称后现代主义经典。朴实、凝重、有力的空间感觉与外观，紧紧呼应，首层平面布局十分考究，有完整的轴线空间序列关系。首先，通过气派非凡的敞廊进入长方形入口大堂，大堂空间不是很大，但非常精炼而威严，既现代又很有传统的内涵，墙面左右两侧和正前方都是深绿色的大理石洞口，从而使空间顿显开敞，顶棚是带有古典意味的拱顶，虽没有线脚却极有层次感。大堂最醒目的就是彩色大理石镶嵌地面，图案是非常简洁有力的正圆形和正方形。沿着轴线穿过洞口，便步入一层圆厅，圆厅中心是一个极其简洁的紫红色理石环廊，让人很自然地联想到古罗马的圆形柱廊，既凝重又不失古典的浪漫，其风格和大堂依然保持着空间的连贯性和一致感。圆厅的尽端是绿色的壁龛衬映下的一尊洁白的石雕，左右两个入口便是这个空间的结束——两个电梯厅，这里为了形成视觉的连续，设计仍保持同大堂的统一。整个形象运用了现代的空间和手法，没有明显的古典语汇，但通过引喻与暗示却给人一种浓郁传统的高雅而华贵的氛围（图5-3-22、图5-3-23）。

位于日本福冈的凯悦酒店与办公大楼也是由格雷夫斯设计的，酒店部分是由一个13层高的圆筒体及两座6层高的附楼组成，圆筒体居中有明确的轴线对称关系。从中庭大堂开始室内空间沿轴线展开，高潮迭起。中庭是一个由12颗巨柱圈成的6层高的筒形空间，有着古罗马建筑的壮观与宏伟，其顶部是一个7层高的布满方形采光方孔的金字塔，塔的内侧为橘红色与中庭热烈的气氛相协调。塔的外侧则是绿颜色，为上部客房提供悦目而带有戏剧性的景观。沿着轴线继续前行，穿过低矮的过厅便来到办公部分的中庭，

图5-3-22 休曼纳大厦，美国，肯塔基　　　　　图5-3-23 休曼纳大厦门厅

中庭的中心是一个有很强视觉冲击力的巨大的套筒式的圆亭。弧形楼梯蜿蜒而上，将多层空间连接起来，整个室内同酒店中庭一样，产生一种浑圆博大的体量感，成为序列中又一处高潮（图5-3-24～图5-3-27）。

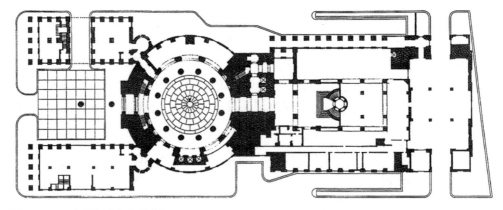

图5-3-24　凯悦酒店与办公大楼平面

图5-3-25　凯悦酒店与办公大楼，日本，福冈

图5-3-26　凯悦酒店大堂，日本，福冈（左）

图5-3-27　凯悦酒店中庭（右）

由英国建筑师詹姆斯·斯特林（James Stirling，1926—1992）设计的德国斯图加特
（Stuttgart）国立美术馆新馆，也是一个很有感染力的充满复杂与矛盾的后现代主义作品
（图5-3-28 ~ 图5-3-31）。

富兰克林纪念馆（Franklin Court）是文丘里1972年设计的，这一作品可以作为后现
代主义的里程碑，它可以从更高层次上理解后现代主义的含义（图5-3-32）。富兰克林
纪念馆建在富兰克林故居的遗址上，主体建筑建在地下，通过一条缓缓的无障碍坡道可
进入地下展馆，展馆包括几个展室和一个小的电影厅，以各种形式展示了富兰克林的生

图5-3-28　斯图加特国立美术馆新馆，德国

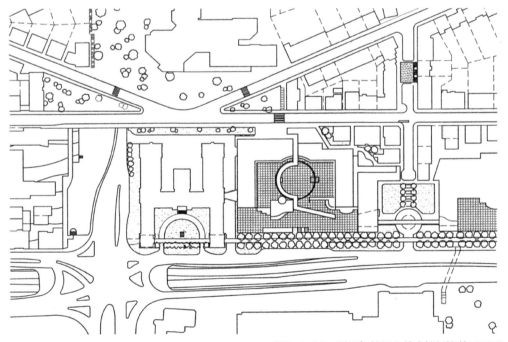

图5-3-29　斯图加特国立美术馆新馆总平面图

图5-3-30 斯图加特国立美术 **图5-3-31** 斯图加特国立美术馆新馆入口
馆新馆内庭

平。纪念馆的设计构思饶有趣味。它没有采用惯用的恢复名人故居原貌的做法，而是将纪念馆建在地下，地面上为附近居民开拓了一片绿地。为了保留人们对故居的记忆，一方面是以一个不锈钢的架子勾勒出简化的故居轮廓，所谓"幽灵构架"，这是高度抽象的做法；另一方面将故居部分基础显露，显露的办法是运用现代雕塑形式的展窗将其直接展现给观众，并配合平面图及文字说明，介绍基础在故居中的位置及各部分的功能。这个作品极具创造性，展示的基础是真古董，构架是符号式的隐喻，而纪念馆却在地下，地上采用绿化的做法则是兼顾历史与环境的绝妙佳作。

洛杉矶的珀欣（Pershing）广场也带有明显的传统现代主义的痕迹，广场有一百余年的历史，最新的设计是在1992年由建筑师莱戈雷塔和景观设计师奥林共同完成的。广场的中心是一个38m的紫色高塔，下面是长长的水道通向一个巨大的圆形喷泉。精心设

图5-3-32 富兰克林纪念馆，美国 　　**图5-3-33** 珀欣广场，美国，纽约

计的断裂线横穿广场，从喷泉通向人行道，这很自然的使人回忆起该地区曾发生的地震。两栋黄色的建筑将两个广场连接起来，三角形的交通中心和餐厅让人联想起欧洲的广场。珀欣广场以其简单几何构成、丰富的空间变化、绚丽的色彩与独具匠心的细部设计充分体现了洛杉矶本土的文化、历史、地质和经济特质，为市民提供一个内涵十分丰富的广场空间（图5-3-33）。

后现代主义是从现代主义和国际风格中衍生出来并对其进行反思、批判、修正和超越。然而后现代主义在发展的过程中没有形成坚实的核心，也没有出现明确的风格界限，有的只是众多的立足点和各种流派纷呈的特征。

第四节　现代主义和后现代主义之后

20世纪70年代以来，科技和经济的飞速发展，使得人们的审美观念和精神需求也随之发生明显的变化，世界建筑和室内设计领域呈现出新的多元化格局，设计思想和表现手法更加多样。在后现代主义不断发展的同时，还有一些不同的设计流派在持续发展。

一、高技派风格

高技派（High Tech）风格在建筑及室内设计形式上主要是突出工业化特色、突出技术细节。强调运用新技术手段反映建筑和室内的工业化风格，以创造出一种富于时代情感和个性的美学效果。具体风格有如下特征：（1）内部结构外翻，显示内部构造和管道线路，强调工业技术特征；（2）表现过程和程序，表现机械运行，如将电梯、自动扶梯的传送装置都做透明处理，让人们看到机械设备运行的状况；（3）强调透明和半透明的空间效果。喜欢采用透明的玻璃、半透明的金属格子等来分隔空间。

以充分暴露结构为特点的法国蓬皮杜国家艺术中心（Center Culture Pompidov），坐落于巴黎市中心，由英国建筑师罗杰斯（Richard Rogers，1933—）和意大利建筑师皮亚诺（Renzo Piano，1937—）共同设计。蓬皮杜国家艺术中心是现代化巴黎的象征。由于这个文化中心肩负着推动当代艺术、提供公共阅读空间的任务，因此法国政府选址在巴黎的市中心。设计者认为现代建筑常常忽视起决定性作用的结构设计，为了改变这种观念，特意把结构和设备加以强化，6层楼的钢结构，电梯、电缆、水管、通风管道都暴露在立面上，并涂上鲜艳的色彩，整个建筑外观像一个现代化的工厂。在室内空间中所有结构管道和线路同样都成为空间构架的有机组成部分。主体空间是跨度达48m极端灵活的大空间，可以根据需要自由布置，而电梯、楼梯、设备等辅助部分被放置在房屋外面，以保证内部空间的绝对灵活性。作为高技派的代表作，蓬皮杜国家艺术中心表现出对结构、设备管线、开敞空间、工业化细部和抽象化的极端强调，反映了当代新工业技术的"机械美"设计理念（图5-4-1～图5-4-5）。

图5-4-1 蓬皮杜国家艺术中心，法国，巴黎

伦敦的劳埃德（Loyd）保险公司是罗杰斯个人独立设计的又一个高技派风格作品，这个大厦更加夸张地使用高科技特征，充分暴露结构，同时使用不锈钢、铝和其他合金材料。建筑表面布满管线和各种构件，所使用的金属材料闪闪发光，甚至比蓬皮杜文化中心更加夸张和突出。主楼内部是一个气势雄伟的玻璃共享中庭。办公空间围绕中庭形成环形布局，且可以根据使用要求灵活布置，来提供更加具有弹性的使用方式。大厅内自动扶梯上下交错，形成一个气派非凡的活动景观，古老的大钟更增添了一些传统的机械美感。而且，采光与通风系统的高质量设计更为大厦提供一个性能完善的物理空间（图5-4-

图5-4-2 蓬皮杜国家艺术中心室内之一

图5-4-3 蓬皮杜国家艺术中心室内之二

图5-4-4 蓬皮杜国家艺术中心室内之三

图5-4-5 蓬皮杜国家艺术中心室内扶梯

6~图5-4-9）。

由英国建筑师诺曼·福斯特（Norman Foster, 1935—）设计的香港汇丰银行也是一个具有国际影响力的高技派作品。大楼外墙是特别设计的外包铝板组合着透明的玻璃板，外部透明的玻璃展示着内部的复杂而又灵活的空间，大楼内部的电梯、自动扶梯和办公室透过钢化玻璃幕墙一览无余，清晰可见。其结构的大多数部件采用了飞机和船舶的制造技术，

图5-4-6 劳埃德保险公司大厦，英国，伦敦

图5-4-7 劳埃德保险公司大厦

图5-4-8 劳埃德保险公司大厦局部

图5-4-9 劳埃德保险公司大厦室内

图5-4-10　香港汇丰银行，中国

然后经过精密安装，大厦的内部空间同外部形象一样给人一种恢宏壮观的感受。底层是完全开敞的室内广场，透过上面的玻璃顶棚同共享大厅联成一体，两部自动扶梯摆放成一定的角度，据说是用来满足风水的要求。多层复合的共享大厅传达出一种令人振奋的强烈的工业结构特征。除了地面以外，几乎所有的饰面都是金属和玻璃，色彩也是仅限黑白灰三种颜色，因此空间极富透明感和流畅感，而没有盒子式的房间和封闭式的走廊。这种流通体系的形成，使银行大厦在空间意义上不同于所有可见的高层办公楼，人们在这里面对于空间的体验要丰富得多（图5-4-10～图5-4-12）。

图5-4-11　香港汇丰银行室内

图5-4-12　香港汇丰银行室内

二、解构主义

解构主义（Deconstruction）作为一种设计风格的形成，是1980年代后期开始的，它是对具有正统原则与正统标准的现代主义与国际主义风格的否定与批判。它虽然运用现代主义语汇但却从逻辑上否定传统的基本设计准则，而利用更加宽容、自由、多元的方式重新构建设计体系。其作品极度地采用扭曲、错位、变形的手法使建筑物及室内表现出无序、失稳、突变、动态的特征。设计特征可概括为：（1）刻意追求毫无关系的复杂性，无关联的片断与片断的叠加、重组，具有抽象的废墟般的形式和不和谐性；（2）反对一切既有的设计规则，热衷于肢解理论，打破了过去建筑结构重视力学原理的横平竖直的稳定感、坚固感和秩序感；（3）无中心、无场所、无约束、具有设计者因人而异的任意性。在社会飞速发展的前提下，解构主义的出现与流行满足了人们日益高涨的对个性、自由的追求以及追新猎奇的心理。

被认为是世界上第一个解构主义建筑设计师的弗兰克·盖里（Frank Gehry，1929—）早在1978年就通过自己的住宅设计进行解构主义尝试。在盖里这个住宅的扩建中，他大量使用了金属瓦楞板、铁丝网等工业建筑材料，表现出一种支离破碎似乎没有完工的特点。内部的厨房和餐厅是其扩建的精华所在。餐厅转角处倾斜的透明玻璃似乎随时都可以滑落，而厨房的天窗也是一种跌落成斜角的摇摇欲坠效果，这样处理也扩大了采光面积与采光角度。这两个窗同墙上漏窗在同一立面上，构成了充满矛盾、强烈对比的形象。然而这种破碎的结构方式、相互对撞的形态只是停留在形式方面，而在物质性方面不可能真的"解构"，像厨房中操作台、橱柜等都是水平的，以至于各种保温、隔声、排水等功能就更不能任意颠倒（图5-4-13、图5-4-14）。

由盖里设计的另一个惊世骇俗的作品就是西班牙毕尔巴鄂古根海姆美术馆。盖里以新奇独特的造型完成了建筑与周围环境的完美结合。建筑是由一块块不规则的双曲面体量组合而成，其建筑外形弯扭错落、复杂跌宕，超离了任何既定的建筑规范，令人难

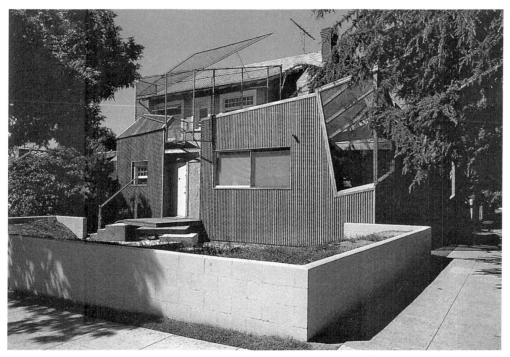

图5-4-13 盖里住宅，美国

以名状。建筑表面包裹着3.3万块、总面积近3000万m²的钛板，而且这种钛板的特别之处在于它们光滑的表面反射着太阳的光线，但又不会刺激眼睛，并能结合不同的时间和光线变换不同的颜色（图5-4-15~图5-4-17）。

此外，德国的维特拉设计（Vitra Design Museum）博物馆也反映出盖里在解构主义方面的探索和发展（图5-4-18~图5-4-20）。

德国斯图加大学太阳能研究所也是比较典型的解构主义作品，由德国建筑师根特·本尼什（Gunter Behnisc）设计。这个建筑主要是用来放置太阳能研究实验设备，并非永久性使用，因此项目给设计者提供了一

图5-4-14　盖里住宅厨房

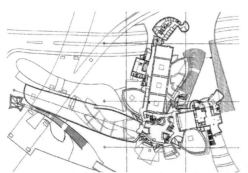

图5-4-15　古根海姆美术馆平面

图5-4-16　古根海姆美术馆，西班牙，毕尔巴鄂

图5-4-17　古根海姆美术馆局部　图5-4-18　维特拉设计博物馆，德国，魏尔

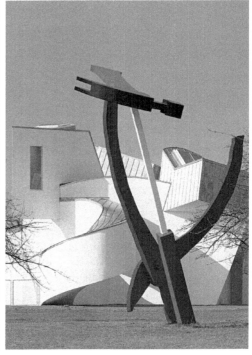

图5-4-19　维特拉设计博物馆室内　　　　图5-4-20　维特拉设计博物馆外景

个绝好的研究和实践的机会。从外观看整个建筑呈现出一种废弃工厂的景象，相比之下室内要整洁一些，起码房间的门窗比较规整，地面也很平坦，然而空间结构形态仍是不规则的，带有部分光棚的天花更是横七竖八。材料上大量运用瓦楞折板、铁管、槽钢和铁等纵横交错的金属材料，工业味十足，营造出一种散乱、突变和带有很强动势的空间场景（图5-4-21、图5-4-22）。

　　充满了自由奔放和创造力的日本札幌纹松（Moonsoon）酒吧，是由英国女建筑师扎哈·哈迪德（Zaha Hadid，1950—2016）1989年设计的，酒吧的室内使用了具有动态抽象表现特色的形态和色彩，吧台、家具也都具有与室内形态谐调的特殊形式，造成了一种强烈的、爆发性的戏剧性场面。底层部分是一个用玻璃和金属构成的"冰"的世界，锋利尖锐、楔状造型充斥着整个空间，给人一种不寒而栗的感觉，餐桌也好似是在

图5-4-21　斯图加特大学太阳能研究所，德国　图5-4-22　斯图加特大学太阳能研究所室内

空间中穿行的玻璃碎片。沿着陡峭的楼梯钻过一个岩石般的洞口，呈现在眼前的是一个"火"的世界，红色的火焰急转翻卷着向上冲撞着，起翘、歪斜和弯曲的动态抽象造型随处可见。座椅的形状和颜色也仿佛是融化的岩石，这种离奇幻梦般的场面打破了观众的稳定感，唤起人们一种振奋的激情（图5-4-23～图5-4-26）。

　　瑞士出生的建筑家屈米（B. Tschumi，1944—），1982年设计的巴黎拉维莱特公园（Parc de la Villette）也是解构主义风格的代表作之一。该设计由点、线、面三套各自独立的体系并列、交叉、重叠而成。其中最引人注目的"点"是红色构筑物，是由屈米称之为"folies"，

图5-4-23　纹松酒吧，日本，札幌

图5-4-24　纹松酒吧室内之一

图5-4-25　纹松酒吧室内之二

图5-4-26　纹松酒吧室内之三

有疯狂之意，又意指18世纪英国园林中适应风景效果或幻想趣味的建筑。这些"点"被整齐地安置于间隔120m的格网上，规则的矩形阵列，造型没有特别的含意，功能包含有餐厅、影院、展厅、游乐馆、售票亭等，这些"点"只成为一种强烈的易于识别的符号，也可以完全将它看作抽象的雕塑。而"线"是由小径、林荫道组成的曲线和两条垂直交叉的直线构成。直线中的一条是横贯东西的原有水渠，另一条则是长约3km、波浪式顶棚的高科技走廊。"面"则是由不同形状的绿地、铺地和水面构成，它提供了休闲、集会和运动等多种活动环境。点、线、面三种体系交叉、重叠在一起，产生一种"偶然"、"巧合"、"不连续"、"不协调"的状态，从而突破了传统的设计。拉维莱特公园被屈米解释是"城市发生器"（Urban Generator），这或许正是解构主义的最大价值（图5-4-27～图5-4-33）。

另外，俄亥俄州立大学韦克斯纳（Wexner）视觉艺术中心也是解构主义代表之一（图5-4-34～图5-4-36）。

2001年落成的位于堪培拉的澳大利亚国家博物馆也可以说是件解构主义作品。博物馆坐落在半岛的末端，它为堪培拉创造了一处崭新的滨海环境。设计并没有局限在建筑

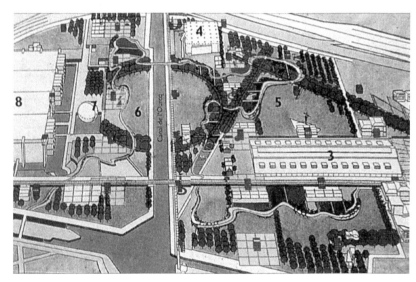

图5-4-27 拉维莱特公园鸟瞰图

图5-4-28 拉维莱特公园，法国，巴黎

247

图5-4-30　拉维莱特公园构筑物之二

图5-4-29　拉维莱特公园构筑物之一

图5-4-31　拉维莱特公园室外通廊

图5-4-32　拉维莱特公园鸟瞰之一

图5-4-33　拉维莱特公园鸟瞰之二

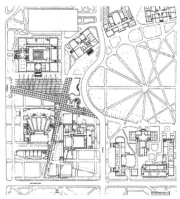

图5-4-34　韦克斯纳视觉艺术中心，美国，俄亥俄州

图5-4-35　韦克斯纳视觉艺术中心平面

本身，而是发展了一个群体式的综合布局，各个组成部分共享着同样重要的文化载体的地位。建筑群体的核心是"澳大利亚之梦"花园，各个功能房间均围绕着这个室外庭院布置。绿地、水体和建筑——不同的主题构成一组不间断的旋律，使参观者沉浸在独特的体验之中（图5-4-37～图5-4-39）。

图5-4-36 韦克斯纳视觉艺术中心外景（左上）

图5-4-37 澳大利亚国家博物馆全景，堪培拉（右上）

图5-4-38 澳大利亚国家博物馆（中）

图5-4-39 澳大利亚国家博物馆室内

三、其他诸流派

随着世界经济的发展、社会观念更新，不可避免地产生新的文化思潮，艺术形态也展现为多姿多彩。特别是室内设计与建筑设计分离，室内设计获得了前所未有的发展，出现了空前的繁荣，涌现出令人眼花缭乱的设计风格与流派。

1. 极简主义

这种流派是对现代主义的"少就是多"纯净风格的进一步精简和抽象，进而发展为"少即一切"的原则，抛弃在视觉上多余的任何元素，强调设计的空间形象及物体的单纯、抽象，采用简洁明晰的几何形式，使作品显得整体、秩序而有力量。极简主义的室内设计一般有如下特征：（1）将各种设计元素在视觉上精简到最少，尽量低限度地运用形体造型；（2）追求设计的几何性和秩序感；（3）注意材质与色彩的个性化运用，并充分考虑光与影在空间中所起的作用（图5-4-40、图5-4-41）。

2. 新古典主义

新古典主义也被称为历史主义（Neo-classical）是当代比较普遍流行的一种风格。主要是运用传统美学法则并使用现代材料与结构进行室内空间设计，追求规整、端庄、典雅、有高贵感的一种设计潮流，反映出现代人们的怀旧和追忆传统情绪，号召设计师到历史中去寻找美感。新古典主义的具体特征如下：（1）追求典雅的风格，运用现代材料和加工技术去追求传统的风格特点；（2）对历史中的样式用简化的手法，且适度地进行一些创造；（3）注重装饰效果，往往会照搬古代家具、灯具及陈设艺术品来烘托室内环境气氛（图5-4-42）。

图5-4-40 "极简主义"作品之一

图5-4-41 "极简主义"作品之二

图5-4-42 "新古典主义"作品　　　　图5-4-43 "新地方主义"作品

3. 新地方主义

与现代主义趋同的"国际式"相对立，新地方主义（New Regionalism）主要是强调地方特色或民俗风格的设计创作倾向，提倡因地制宜的乡土味和民族化的设计原则。新地方主义一般有如下特征：（1）由于地域的差异，设计没有严格的一成不变的规则和确定的设计模式，为反映某个地区的艺术特色，设计时发挥的自由度较大；（2）设计中尽量使用地方材料及做法；（3）注意建筑室内与当地风土环境的融合，从传统的建筑和民居中吸取营养，因此具有浓郁的乡土风味（图5-4-43）。

4. 超现实主义

在室内设计中营造一种超越现实的、充满离奇梦幻的场景，通过别出心裁的设计，力求在有限的空间中创造一种无限的空间感觉，创造"世上不存在的世界"，甚至追求一种太空感和未来主义倾向。超现实主义室内设计手法离奇、大胆，往往产生出人意料的室内空间效果。超现实主义一般有如下特征：（1）设计令人难以捉摸的奇形怪状的内部空间形式；（2）运用浓重、强烈的色彩及五光十色、变幻莫测的灯光效果；（3）陈设与安放造型奇特的家具和设施（图5-4-44）。

5. 孟菲斯派

1981年以索特萨斯（Ettore Sottsass Jnr，1917—）为首的设计师们在意大利米兰结成了"孟菲斯（Memphis）集团"，他们反对单调冷峻的现代主义，提倡装饰，强调手工艺方法制作的产品，并积极从波普艺术、东方艺术、非洲拉美的传统艺术中寻求灵感。孟菲斯派对世界范围的设计界影响是比较广泛的，尤其是对现代工业产品设计、商品包装、服装设计等方面都产生了很大的影响。孟菲斯派的设计一般有如下特征：（1）空间布局不拘一格，具有任意性和展示性；（2）常用新型材料、明亮的色彩和新奇

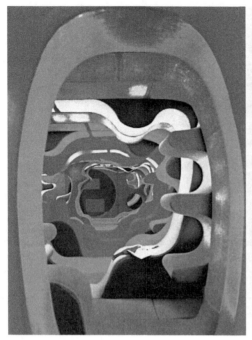

图5-4-44 "超现实主义"作品　　　　　图5-4-45 "孟菲斯派"作品

的图案来改造一些传统的经典家具，显示其双重译码：既是大众的，又是历史的，既是传世之作，又是随心所欲；（3）在设计造型上打破横平竖直的线条，采用波形曲线、曲面和直线、平面的组合来取得意外效果；（4）常对室内界面进行表层涂饰，具有舞台布景般的非长久性特点（图5-4-45）。

6. 新表现主义

新表现主义的设计作品多用自然的形体，包括自然动物和人体等有机形体，运用一系列粗俗与优雅、变形与理性的对比来表现这种风格。同时以自由曲线、不等边三角形及半圆形为造型元素，并通过现代技术创造出前所未有的视觉空间效果。新表现主义的设计有如下特征：（1）运用有机及富有雕塑感的形体以及自由的界面处理；（2）运用高新技术提供的造型语言与自然形态的对比；（3）常用一些隐喻、比拟等抽象的手法（图5-4-46、图5-4-47）。

进入1980年代以来，随着追求个性与特色的商业化要求，室内设计所特有的流派及手法已日趋丰富多彩，从而极大地拓展了室内空间环境的范畴。除以上列举的流派以外，还有一些诸如听觉空间派、东方情调派、文脉主义、超级平面美术派、绿色派等风格流派也有一定影响。

图5-4-46 "新表现主义"作品之一　　　图5-4-47 "新表现主义"作品之二

第五节　新现代主义

　　新现代主义（Neo-Modernism）是指现代主义自20世纪初诞生以来直至20世纪70年代以后的发展阶段。尽管在20世纪末以来，世界建筑及室内设计呈现一种多元化的局面，尤其是经过国际主义的垄断、后现代主义和解构主义的冲击，但现代主义仍坚持理性和功能化，相对于其他流派逐渐衰退，其已成为20世纪末建筑及室内设计发展的主流，并逐步加以提炼完善而形成了新现代主义。新现代主义继续发扬现代主义理性、功能的本质精神，但对其冷漠单调的形象进行不断的修正和改良，突破早期现代主义排斥装饰的极端做法，而走向一个肯定装饰的，多风格、多元化的新阶段，同时随着科技的不断进步，在装饰语言上更关注新材料的特质表现和技术构造细节，而且在设计上更强调作品与人文环境与生态环境的关系。

　　70年代初，针对国际主义风格单一刻板风格的垄断，在设计界出现了调整的大趋向，新现代主义在美国逐渐形成。1973年由新现代主义泰斗美国著名设计师理查德·迈耶（Richard Meier）设计的道格拉斯住宅（Douglas House），是一幢精美优雅、纯净洁白的建筑。它坐落在风景如画的密歇根湖畔陡峭的山坡上，周围是郁郁葱葱的繁茂树木。由于地势的原因，门厅位于顶层，通过楼梯到下一层的挑台方可进入卧室。起居室是室内空间的中心，临湖的一面是被白色的框架分隔的大玻璃窗，每一个框架都是一个绝佳的景框。透过玻璃窗俯视湖面，产生一种扣人心弦的翱翔般的感觉。几件柯布西耶式的坐

253

图5-5-1　道格拉斯住宅，美国，密歇根

图5-5-2　道格拉斯住宅室内

椅和迈耶自己设计的沙发，起到了界定空间的作用。隐喻船形母题的洞口与顶层天窗构成纵向贯通的光井，在为底层餐厅提供了光线的同时，也把住宅的公共空间全部联通起来。它的竖向式因山就势的空间设计打破了传统的室内空间观念，给人以全新的空间感受（图5-5-1、图5-5-2）。

迈耶的另一个典范性作品是亚特兰大海伊艺术博物馆（High Museum of Art）。当人们通过精心设计的一系列内外空间序列来到四层高的中央大厅时，眼前豁然开朗，呈现出一种纯净澄明的景象。阳光透过具有装饰性的放射形顶梁光棚洒向墙面，产生极有节奏的光影，大厅一侧水平的楼板和垂直的圆柱以及突出的正方形墙面形成一种很规则的虚实关系，也为空间注入了很强的现代感和力量感。与此对应的大厅另一侧的环形坡道则成为空间的活跃元素，打破了过于沉静的感觉，从而产生了一种强烈的视觉效应。这种环形坡道是赖特古根海姆博物馆螺旋坡道的延续和发展，为避免倾斜地面不利于人们驻足观赏，设计使坡道与展厅分开布置，同时这一坡道把人们引入一个连续的空间，给参观者提供一个过程去回顾已参观过的展品，以及对即将参观的展品起到酝酿情绪的作用。其他各展区的空间处理得也相当干净利落，没有任何纯装饰的构件干扰观者的视线（图5-5-3～图5-5-5）。

由贝聿铭设计的达拉斯莫顿梅尔森交响乐中心（The Morton H. Meyerson Symphony Center）与他以往作品不同，在这个华丽的交响乐大厅里建筑师创造了一种跌宕起伏、华美精致的新型巴洛克空间。曲线结构似乎成了这里的主宰，具有流动感的环廊、轮廓为曲面的墙体以及月牙形顶棚，所有这些曲线的形体空间与直线空间相对比，带来了几乎无尽的灭点，引发了人们的探索心理。观众厅是贝聿铭与声学专家约翰逊共同设计的，可以容纳两千余人。平面呈一个巨大的马蹄形，通过两个巨柱把演奏区和听众席分开，整个空间充分运用现代装饰语言，设计得极为富丽堂皇。天棚上装有带背光的玛瑙薄石，墙面是樱桃木和钢条嵌成的格子形，沿观众席四周布置了挑台和包厢，仿佛让人又回到了巴洛克时代（图5-5-6～图5-5-8）。

新现代主义强调空间与技术的交融，注重技术构造和新材料的应用来增强设计的

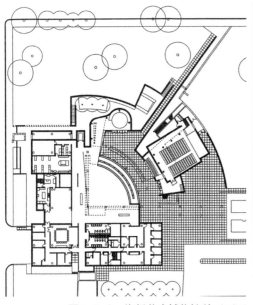

图5-5-3 海伊艺术博物馆总平面图

图5-5-4 海伊艺术博物馆，美国，亚特兰大

图5-5-5 海伊艺术博物馆室内

图5-5-6 莫顿梅尔森交响乐中心，美国，达拉斯

图5-5-7 莫顿梅尔森交响乐中心室内

图5-5-8 莫顿梅尔森交响乐中心剧场

图5-5-9 伊利诺伊州联邦大厦，美国

图5-5-10 坎普斯蒂饭店，德国，慕尼黑

图5-5-11 坎普斯蒂饭店室内

表现力。美国伊利诺伊州联邦大厦（State of Illinois Center，Chicago）是1980年初由德裔美籍建筑师赫尔墨菲·扬（Murphy Jahn）设计的。它的外形是由立方体和一圆锥组成，造型新颖奇特，成为该城市重要的标志性建筑。内部中庭是空间的中心，环状的巨大空间直通到顶，顶部组织有序的金属网架恰好成为一种体现技术美的装饰，垂直的景观电梯和凌空挑出的楼梯以及地下的扶梯不仅加强了各层空间的联系，也为整个中庭增加了活力。中庭的地面铺装呈向心的放射状大理石拼花。与此相呼应的地面葵花形大理石图案更加细密、精致。在材料的选用上还大胆使用了金属、镜面玻璃等，使空间设计语言传达出一种全新材料的特质，整个空间令人振奋的形象与恢宏的气势是其他传统建筑无法比拟的（图5-5-9）。

德国慕尼黑坎普斯蒂饭店也是一个富有想象力的、充分注重技术构造和新材料的应用的作品（图5-5-10、图5-5-11）。主张建筑应包含自然生态环境，强调建筑空间与人和自然的关系也是新现代主义的探索方向之一。美国第三代建筑师中的西萨·佩里设计的彩虹中心四季庭园曾获"全美进步建筑"奖。它坐落于尼亚加拉瀑布城中心区一条商业步行街上。建筑采用钢结构玻璃幕墙，而室内则是鸟语花香的另一番景象。高大的常绿乔木，低矮的灌木和草坪，精心设计的硬质铺地、水池喷泉和小品，在阳光的照耀下，树影千重、浓绿翠黛，人们漫步其间有如沐浴在绚丽多姿的大自然中（图5-5-12～图5-5-14）。

霍奇米尔科（Xochimilco）生态公园是在墨西哥河谷中具有原始湖畔动植物群落的

图5-5-12 彩虹中心四季庭园，美国，尼亚加拉瀑布城

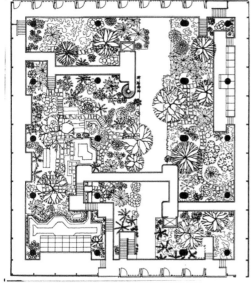

图5-5-13 彩虹中心四季庭园平面

图5-5-14 彩虹中心四季庭园室内

最后保留地的环境中建造的，1987年联合国教科文组织将之确定为"世界遗产保护区"，从而引发了一项恢复该地区完整生态的紧急计划。整个生态公园设计就是探讨人和自然关系的典型作品（图5-5-15、图5-5-16）。

新现代主义突破了现代主义排斥装饰的极端做法，而走向一个肯定装饰的多风格时期。出生于瑞士的建筑师马里奥·博塔（Mario Botta，1943—），他的作品装饰风格独特而简洁，既有地中海般的热情，又有瑞士钟表般的精确。旧金山现代艺术博物馆就是这样的一个杰出的作品。建筑造型中最为引人注目的就是由黑白条石构成的斜面的塔式筒体，而这里恰恰就是整个建筑的核心——中央大厅。黑白相间的水平装饰带再次延伸到室内，无论是地面、墙面还是柱础、接待台，都非常有节制地运用了这种既有韵律感又有逻辑性的语言，不仅增加视觉上的雅致和趣味，也使空间顿然流畅起来。这种视觉形式上的秩序感和层次感也同样体现在空间处理上。设计使各展览空间井然有序地围绕大厅而展开，使得参观者一目了然，避免通常把博物馆展厅布置成迷宫式的手法。大厅的

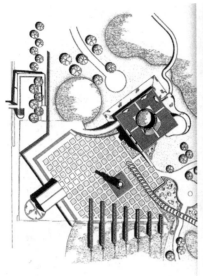

图5-5-15 霍奇米尔科生态公园平面　　　　图5-5-16 霍奇米尔科生态公园，墨西哥

正中是一座运用几何体组合的十分得体的大楼梯，尤其引人入胜的是楼梯的底部处理，充分运用踏步的自然叠级设计了装饰灯具照明，这一出其不意的装饰不仅冲淡了空间的压抑感，更重要的是成为正对入口的一个绝妙的景观。大厅上空架设的天桥颇有些戏剧性，它将人们引入顶层展厅（图5-5-17、图5-5-18）。

纽约曼哈顿南部世界金融中心下的观景楼滨河公园景观设计可以说是这方面的代表作，这个作品独特的造型、富有秩序感的装饰照明，为空间平添了几分人情味与趣味性。其中最引人注目的是两座不锈钢路灯标杆，它以鲜明的形式节奏感和装饰细部成为该公园的标志物（图5-5-19）。

在现代主义发展的过程中，一直强调功能、结构和形式的完整性，而对设计中的人文

图5-5-17 旧金山现代艺术博物　图5-5-18 旧金山现代艺术博物馆展厅内景
馆，美国

因素和地域特征缺乏兴趣，而新现代主义却给予这些方面充分的关注。侧重民族文化表现，更注重地域民族的内在传统精神表达的一些探索性作品开始出现。日本的设计师在这方面的尝试比较多，其中颇负盛名的安藤忠雄（Ando Tadao）便是其中之一。他一直用现代主义的国际语汇来表达特定的民族感受、美学意识和文化背景。双生观茶室就是安藤运用现代材料和手法来表达日本传统和风住宅原型"数寄室"的精神实质。茶室由内部的封闭茶室及外部的围墙组成，内部正面是混凝土墙，后面是磨砂玻璃窗，可以产生明亮均匀的光线，侧面的窗位很低，进入室内的光线只能照亮地板，使墙壁失去了支撑的意义而成为一种围合空间媒介。另外，窗的上半部及另一个入口隐没在黑暗中，整个室内笼罩在宁静平和的气氛中，柔和的光线使混凝土表面蒙上一层朦胧的光晕，同时也软化了墙面的僵硬感，丧失了重量感，成为一种抽象的存在。从中可以看出安藤虽未使用传统形式，却把数寄屋柔和的光线、薄而轻的隔墙、静态封闭的空间以及极力追求自然的态度，把一种超越物质领域的精神世界带入到现代生活中（图5-5-20）。

日本传统的建筑就是亲近自然，而安藤一直努力把自然的因素引入作品中，积极地利用光、雨、风、雾等自然因素，并通过抽象写意的形式表达出来，即把自然抽象化而非写实地表达自然。安藤设计的位于大阪市郊的"光的教堂"要体现的自然就是光。其主体是个简洁封闭的长方形，由入口部分和礼拜空间组成。整个空间的视觉中心就是位于圣坛后面的十字架，它是从混凝土墙上切出的一个十字形狭缝，光便从这缝泻进室内。只因有光的存在，这个十字架的象征意义才存在。无论是白天的阳光还是夜晚的灯光从室外射进来呈现出的这光的十字架，信徒们仿佛由此看到了天堂的光辉，灵魂似乎也通过这缝隙飞向天国（图5-5-21、图5-5-22）。

图5-5-19 世界金融中心滨河公园景观，美国，纽约

图5-5-20 双生观茶室，日本

图5-5-21 "光的教堂"，日本，大阪

图5-5-22 "光的教堂"室内　　图5-5-23 真言宗本福寺永御堂室内，日本

　　安藤设计的真言宗本福寺永御堂也是一个运用光线的典型。该佛堂的布局方向是根据太阳的方位而确定的，尤其是当傍晚夕阳染红了佛堂内部，在一片神秘的光辉中，人们仿佛置身于一种神圣的佛境之中（图5-5-23）。

　　"水的教堂"顾名思义是运用水的自然抽象的表达。该教堂位于北海道夕张山脉的一块平原上，周围是一片繁茂的树木。设计引附近小河之水在教堂前面开辟一个长方形人工湖。建筑物是由两个看似平淡无奇的混凝土立方体组合而成，然而其独具特色的感染力是在内部空间的组织上。当人们沿着混凝土墙走上缓坡，由室外进入一个玻璃盒子似的明亮的进厅时，首先看到的是四个相互连接的十字架，透过玻璃矗立在自然之中，从而激发起人们心中的庄严感。接着通过幽暗的圆弧楼梯把人们引入教堂内部，从黑暗中走入的人首先看到的是前方令人肃然起敬的十字架，十字架仁立于一片开阔平静的人工湖面上，原来教堂室内外之间是面似有若无的落地大玻璃窗，于是外部的水面及周围的自然景色被借景成教堂圣坛的一部分。静静的池水、肃穆的山林意味着上帝存在于广漠无垠的天地之中（图5-5-24、图5-5-25）。

图5-5-24 "水的教堂"，日本，北海道　　图5-5-25 "水的教堂"室内

新现代主义讲究设计作品与历史文脉的统一性和联系性，有时虽采用古典风格但并不直接使用古典语汇，而多用古典的比例和几何形式来达到与传统环境的和谐统一。法国巴黎的奥尔塞艺术博物馆原是废弃多年的火车站，直至1986年政府决定把它改造为艺术馆，改建的室内设计是由米兰的女设计师奥伦蒂（Gae Aulenti）主持完成。她成功地运用统一的装饰语言将原来车站多样的体量整合统一起来，最大限度地使文脉延续下去。整个设计以黄绿色为基调形成一种简洁洗练的古典气息，尤其在处理古典与现代的关系上，比较自然朴素而没有造作的感觉（图5-5-26～图5-5-28）。

位于纽约的四季酒店（Four Seasons Hotel）的设计也是具有新古典主义内涵的新现代主义优秀作品。酒店整个空间传达出一种超越时代的优雅感，并创造出一种威严、欢庆的形象。酒店中最富吸引力的中心是门厅，门厅沉着而不乏精致，顶棚是从后面照亮的缟玛瑙，墙面是法国石灰岩，周围是八面体的柱子。三座楼梯使门厅同周围相连，门厅正前方是接待台，左右两侧是酒廊休息室。这一作品不仅呼应了建筑设计的风格，同时也为这座20世纪二三十年代摩天大厦的概念注入了新的内容（图5-5-29）。

图5-5-26 奥尔塞艺术博物馆，法国　　图5-5-27 奥尔塞艺术博物馆室内之一

图5-5-28 奥尔塞艺术博物馆室内之二　　图5-5-29 四季酒店，美国，纽约

纽约的曼哈顿南部Y形公园，同样是运用古典的元素来演绎传统的环境设计。作品中厚实的具有西方传统特质的石墙成为公园的主体，石墙看起来像是庞大结构的遗留物，给人一种对历史的想象和回忆（图5-5-30、图5-5-31）。

英国伯明翰维多利亚广场（Victoria Square）也是属于在这方面的作品。维多利亚广场位于市中心的议会大厦前。以前，这里只是一个交通结点，而不是真正意义上的广场。该广场在议会大厦主入口的柱廊轴线上有一个中央喷泉，整个设计以它为出发点展开。新广场成了当地政府——市议会——的标志，喷泉作为视线的聚焦点，铺地从这里辐射出去，两侧设有可以通向上部平台的踏步。中央喷泉有高低两个水池，进而水流形成层层跌落的台阶瀑布，广场外围以花坛和树木来划分不同的空间。广场上面用来举行

图5-5-30　曼哈顿南部Y形公园，美国，纽约

图5-5-31　曼哈顿南部Y形公园外景

大型的公共活动，下面较小的部分则适于进行小型的和个人的活动。广场的设计照顾到具有高品质的传统建筑，与四周"维多利亚式"建筑和谐相处，提高了景观和场所地位和现代的空间特质（图5-5-32）。

法国的里昂泰侯广场（Terreaux Square）的设计更重视现代手法与古典元素的结合（图5-5-33）。

1960年代之后新现代主义出现极简主义风格，极简主义就是把造型元素和空间形态压缩到"绝对纯粹而抽象"，构成手段简约而具有明确的统一完整性。在景观及园林设计上极简主义追求抽象、简化和几何秩序，以较少的形态和材料表现大尺度的空间。其中最杰出的代表就是美国设计师彼得·沃克（Peter Walker，1932— ），1970年代初就参

图5-5-32 维多利亚广场，英国，伯明翰

图5-5-33　泰侯广场，法国，里昂

图5-5-34　橘子郡市镇中心的景观设计，美国加利福尼亚州

与了加州橘郡市镇中心的景观环境设计。沃克将钢材引入景观设计中，即用不锈钢饰条铺设在连接广场大厦和停车楼入口处，由不锈钢组成的同心圆状的水池坐落于入口两侧，整齐排列的不锈钢短柱形成了通道指示。所有这些不锈钢构件、草坪通过几何图形构成简洁纯净的形态，极具视觉秩序美感（图5-5-34、图5-5-35）。

沃克后来在德国慕尼黑机场凯宾斯基酒店所做的景观设计也是一个引起广泛关注的作品（图5-5-36~图5-5-38）。

总之，随着社会不断的发展和科学技术的进步，新现代主义在肯定现代主义功能和技术结构体系的基础上，从不同的切入点去修正、完善和发展现代主义，使新现代主义呈现出多元的形式和风格而并非某一个单一

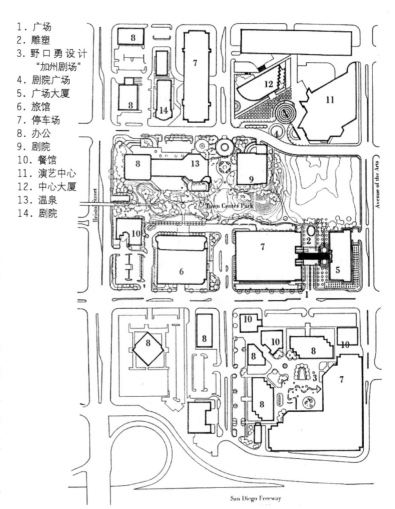

1. 广场
2. 雕塑
3. 野口勇设计"加州剧场"
4. 剧院广场
5. 广场大厦
6. 旅馆
7. 停车场
8. 办公
9. 剧院
10. 餐馆
11. 演艺中心
12. 中心大厦
13. 温泉
14. 剧院

图5-5-35　橘子郡市镇中心的景观平面图

的设计风格向前发展着。正是由于现代主义具备在社会发展阶段的合理性，新现代主义的探索将会走上一个更高的发展层次，并可能在21世纪形成潮流，成为设计中一个比较稳健的流派继续向前发展。

图5-5-36 凯宾斯基酒店景观，德国慕尼黑

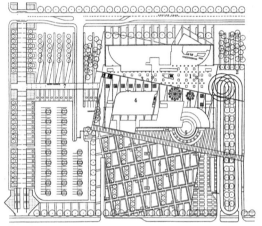

图5-5-37 凯宾斯基酒店景观平面图

图5-5-38 凯宾斯基酒店景观

主要参考书目及图片来源

1　朱伯雄．世界美术史．济南：山东美术出版社，1988.

2　齐伟民．室内设计发展史．合肥：安徽科学技术出版社，2004.

3　矫苏平，井渌，张伟．国外建筑与室内设计艺术．北京：中国矿业大学出版社，1998.

4　陈文捷．世界建筑艺术史．长沙：湖南美术出版社，2004（7）.

5　王岳川．一生要读知的100处世界著名建筑．北京：中国戏剧出版社，2004.

6　王受之．世界现代建筑史．北京：中国建筑工业出版社，1999.

7　周维权．中国古典园林史．北京：清华大学出版社，1999（10）.

8　郦芷若，朱建宁．西方园林．郑州：河南科学技术出版社，2002.

9　张祖刚．世界园林发展概论．北京：中国建筑工业出版社，2003.

10　楼庆西．中国园林．北京：五洲传播出版社，2003.

11　吴家骅．环境设计史纲．重庆：重庆大学出版社，2002.

12　胡志毅．世界艺术史——建筑卷．北京：东方出版社，2003.

13　张绮曼．室内设计的风格样式与流派．北京：中国建筑工业出版社，2000.

14　刘致平．中国居住建筑简史．北京：中国建筑工业出版社，1990.

15　萧默．中国建筑．北京：文化艺术出版社，1999.

16　毛小雨．印度艺术．南昌：江西美术出版社，2003.

17　叶渭渠．日本建筑．上海：上海三联书店，2006.

18　蓝先琳．中国古典园林大观．天津：天津大学出版社，2002.

19　傅朝卿．西洋建筑发展史话．北京：中国建筑工业出版社，2005.

20　薛恩伦等．后现代主义建筑20讲．上海：上海社会科学院出版社，2005.

21　钱正坤．世界建筑风格史．上海：上海交通大学出版社，2005.

22　楼庆西．中国古建筑二十讲．北京：生活·读书·新知三联书店，2001.

23　李书敏，武王子，熊永福．日本传统艺术——宗教建筑．重庆：重庆出版社，2002.

24　苏州市园林管理局．苏州古典园林．上海：上海三联书店，2000.

25　王伟芳，余开亮．世界文明奇迹．大象出版社，2003.

26　何扬．世界遗产之旅．北京：中国旅游出版社，2004.

27　王向荣，林箐．西方现代景观设计的理论与实践．北京：中国建筑工业出版社，2002.

28　王向荣，林箐，蒙小英．北欧国家的现代景观．北京：中国建筑工业出版社，2007.

29　侯幼彬，李婉贞编．中国古代建筑历史图说．北京：中国建筑工业出版社，2008.

30　李百进．唐风建筑营造．北京：中国建筑工业出版社，2007.

31　高大伟，范贻光主编．皇家园林．北京：学苑出版社，2003.

32 刘松茯．外国建筑历史图说．北京：中国建筑工业出版社，2008．

33 黄健敏．贝聿铭的艺术世界．北京：中国计划出版社，1996．

34 劳伦斯高文等．大英视觉艺术百科全书．桂林：广西美术出版社，1994．

35 纪江红．世界文化与自然遗产．北京：北京出版社，2005．

36 纪江红．世界典藏名胜．北京：北京出版社，2005．

37 纪江红．世界文明奇迹．北京：北京出版社，2005．

38 紫图大师图典丛书．世界不朽建筑大图典．西安：陕西师范大学出版社，2003．

39 紫图大师图典丛书．装饰艺术运动大师图典．西安：陕西师范大学出版社，2004．

40 紫图大师图典丛书．新艺术运动大师图典．西安：陕西师范大学出版社，2003．

41 史玲．日本艺术．石家庄：河北教育出版社，2003．

42 冯炜烈等．神圣威严的教堂建筑．天津：天津人民美术出版社，2005．

43 秦凤京．北京．北京：中国旅游出版社，2003．

44 蔡荣，吴显林，张大明．紫禁城．新世界出版社，2001．

45 廖频．北京揽胜．北京：外文出版社，1989．

46 刘小波．安藤忠雄．天津：天津大学出版社，1999．

47 韩巍．孟菲斯设计．南京：江苏美术出版社，2001．

48 严厚康．中国皖南古村落——西递宏村．北京：中国旅游出版社，2003．

49 张良君．室内环境与气氛的创造．世界建筑导报，1990（6）．

50 郑文忠，郑岱．法国现代建筑．天津：天津人民美术出版社，2001．

51 李宗山．中国家具史图说．武汉：湖北美术出版社，2001．

52 张耀工作室．一本书的世界观．上海：上海外语出版社，2005．

53 胡延利，陈宙颖．世界著名建筑事务所新作精选2．北京：中国科学技术出版社，2004．

54 时尚家居置业．时尚家居杂志社，2004（2）．

55 时尚家居置业．时尚家居杂志社，2004（16）．

56 文明．文明杂志社，2001（12）．

57 ［日］城户一夫．世界遗产图鉴．上海：上海人民出版社，2001．

58 ［英］派屈克·纳特金斯．建筑的故事．上海：上海科技出版社，2001．

59 ［美］罗伊·C·雷克文．印度艺术简史．北京：中国人民大学出版社，2004．

60 ［美］约翰·派尔．世界室内设计史．北京：中国建筑工业出版社，2003．

61 ［意］马尔科·卡塔尼奥，亚斯米娜·特里福尼．艺术的殿堂．济南：山东教育出版社，2004．

62 ［英］克里斯·斯卡尔．世界古代70大奇迹．桂林：漓江出版社，2001．

63 ［英］尼尔·帕金．世界70大建筑奇迹．桂林：漓江出版社，2004．

64 ［英］内奥米·斯汤戈．弗兰克·盖里．北京：中国轻工业出版社，2002．

65 ［西班牙］弗朗西斯科·阿森西奥·切沃．城市公园．苏州：江苏科学技术出版社，2000．

66 ［美］摩瑞诺．饭店空间设计．北京：中国轻工业出版社，2000．

67　［英］奥托·李瓦尔特．周丽华译．酒店空间．沈阳：辽宁科学技术出版社，2000.

68　［美］时代生活图书公司．周尚意等译．先知的土地．济南：山东画报出版社，2001.

69　［英］朱迪思·卡梅尔-亚瑟编著．连冕译．菲利普·斯塔克．北京：中国轻工业出版社，2002.

70　［日］小原二郎，加藤力，安藤正雄编．室内空间设计手册．北京：中国建筑工业出版社，2000.

71　［美］戴维·拉金等．弗兰克·劳埃德·赖特：建筑大师．北京：中国建筑工业出版社，2005.

72　［美］埃兹拉·斯托勒．国外名建筑选析丛书：流水别墅．北京：中国建筑工业出版社，2001.

73　［美］埃兹拉·斯托勒．国外名建筑选析丛书：约翰·汉考克大厦．北京：中国建筑工业出版社，2001.

74　［美］埃兹拉·斯托勒．国外名建筑选析丛书：西格拉姆大厦．北京：中国建筑工业出版社，2001.

75　［美］伊丽莎白·巴洛·罗杰斯著．韩炳越，曹娟等译．彭重华主审．世界景观设计：文化与建筑的历史．北京：中国林业出版社，2005.

76　［丹麦］扬·盖尔，拉尔斯·吉姆松著．新城市空间（第二版）.何人可，张卫，邱灿红译．北京：中国建筑工业出版社，2003.

77　［英］TOM　TURNER著．林箐，南楠，齐黛蔚，侯晓蕾，孙莉译．世界园林史．北京：中国林业出版社，2011.

78　［英］Tom　Turner．园林史——公元前2000—公元2000年的哲学与设计．李旻译．北京：中国工信出版集团，电子工业出版社，2016（1）.

79　Marilyn Stokstad. Art History. Prentice Hall, Inc., and Harry N. Abrams, Inc., Publishers, 1996.

80　Mark Getlein. Living With Art. Mc Graw Hill, 1993.

81　Paul Zelanski Mary Pat Fisher. The Art of Seeing. Prentice-Hall Inc, Englewood Cliffs, N. J. 07632, 1995.

82　Rolf Toman. PARCS ET JARDINS EN EUROPE. KONEMANN, 1996.

83　Thames & Hudson. ENGLISH ARCHITECTURE. world of art, 2001.

84　Edited by Rolf Toman. BAROQUE. Photosby Achim Bednorz KONEMANN, 1998.

85　John Kissick. ART—CONTEXT AND CRITICISM. A Division of Wm. C Brown Communications, Inc. 1995.

86　Marilyn Stokstad. ART HISRORY. Prentice Hall, Inc. , and Harry N. Abrams, Inc, Publishers, 1993.

87　Wayne Craven. American Art. Trade edition distributed by Harry N. Abrams. Inc., New York, 1994（9）.

88 Nancy H. Ramage7 & Andrew Ramage. ROMAN ART. Prentice Hall, Upper Saddle River, NJ07458, 1994.

89 Henry M. Sayre. A World of Ary. Prentice Hall, Upper Saddle River, New Jersey 07458, 1995（2）.

90 Duane Preble, Sarah Preble, Patrick Frank. ART FORMS. Prentice Hall, Upper Saddle River, New Jersey 07458, 1992（6）.

91 Robert Cameron. ABOVE WASHINGTON. Cameron and Company, San Francisco, Califoria.

92 Robert Cameron & Alistair Cooke. ABOVE LONDON. Cameron and Company, San Francisco, Califoria, 1992（6）.

93 PA. APenton Publication, 1990（10）.

94 PA. APenton Publication, 1991（2）.